| 心理学工作者的人格教育实践 |

奔跑吧，爸妈

RUNNING PARENTS

我们必须全力以赴地奔跑
才能追上孩子成长的脚步

主编 ◎ 洪伟

副主编　翟东琳　陈萌
　　　　刘秀祯　袁春红
　　　　宋一德　林秀红

中山大学出版社
广州

版权所有　翻印必究

图书在版编目（CIP）数据

奔跑吧，爸妈：心理学工作者的人格教育实践/洪伟主编．—广州：中山大学出版社，2020.11

ISBN 978-7-306-06901-6

Ⅰ. ①奔… Ⅱ. ①洪… Ⅲ. ①人格—儿童教育—家庭教育 Ⅳ. ①B825 ②G782

中国版本图书馆CIP数据核字（2020）第122274号

BENPAO BA, BA MA: XINLIXUE GONGZUOZHE DE RENGE JIAOYU SHIJIAN

| 出 版 人：王天琪
| 策划编辑：金继伟
| 责任编辑：张　蕊
| 封面设计：曾　斌
| 责任校对：袁双艳
| 责任技编：何雅涛
| 出版发行：中山大学出版社
| 电　　话：编辑部 020-84111997，84113349，84110779
| 　　　　 发行部 020-84111998，84111981，84111160
| 地　　址：广州市新港西路135号
| 邮　　编：510275　传　　真：020-84036565
| 网　　址：http://www.zsup.com.cn　E-mail: zdcbs@mail.sysu.edu.cn
| 印 刷 者：佛山市浩文彩色印刷有限公司
| 规　　格：787mm×1092mm　1/16　18.25 印张　250 千字
| 版次印次：2020年11月第1版　2020年11月第1次印刷
| 定　　价：39.80元

如发现本书因印装质量影响阅读，请与出版社发行部联系调换

序　言

因为成长，所以奔跑。

洪伟是我在深圳带的第一届研究生，也是我在政府部门主持教育部和卫计委的"青少年健康人格项目"在深圳落地的骨干之一。

在工作中，我们经常讨论心理学，分享咨询个案。这次洪伟邀请我给他的新书作序，我欣然答应，因为关于青少年健康人格的培养，我们有很多共同话题。

何谓"人格"？

人格是个体特有的特质模式及行为倾向的统一体。它来自拉丁文"persona"（面具），即在人生的大舞台上，每一个人应根据不同的环境和角色更换不同的面具。

从这个角度来讲，人格也是一种能力，是可以通过培养而不断成长的能力。因此，本书将围绕人格的三大关系、六大子人格和十大能力的框架（见下表），通过点面结合的理论和实践，阐述人格培养与家庭教育的关系。

三大关系	六大子人格	十大能力	内容
与自己的关系	自我管理	自信力	生命感恩教育、青春期与性教育、自我形象
与他人的关系	人际关系	表达力	表达能力、倾听能力
	情绪管理	领导力	责任、协调整合、领导力
		共情力	承认差异、学会欣赏、换位思考
		抗逆力	学会拒绝、双赢、适应力
与世界的关系	财富	财富力	对金钱的理解、对付出的理解
	志趣	内驱力	兴趣与爱好、目标与梦想、风格与习惯
		专注力	排除干扰、勇敢与坚持
	创造力	思维力	审美、左右脑开发、多元智能、视野与格局
		执行力	动手能力、时间管理

需要强调的是，人格教育不仅对孩子的人格有重要意义，家长也可以通过对孩子进行的人格教育，反思自身人格存在的缺陷，从而完善自己的人格，不断地成长和奔跑。

而现实也是如此，家长的成长更多是孩子的问题倒逼的成长。

在做心理培训和心理咨询的过程中，我接触了大量家庭教育方面的个案，例如，孩子不听话、孩子成绩不好、亲子关系恶劣、早恋、网瘾、缺乏自信、性格暴躁……

我对中国家庭教育的矛盾的理解就是：家长的智慧赶不上孩子日新月异的变化。

序　言

　　破解矛盾的唯一办法，就是家长通过学习和成长提升智慧，通过奔跑追赶孩子，和孩子共同成长。

何胜昔

中国科学院心理研究所心理学博士

北京大学生命科学院博士后

美国内布拉斯大学医学中心医学心理学访问学者

目　录

第一部分　人格教育理论

无边界　不父母 …………………………… 洪　伟　洪　瑜 // 004

爱在我家

　　——用萨提亚模式探索原生家庭对个人成长的影响 … 翟东琳 // 059

创造力与全民创新 ……………………………………… 刘秀祯 // 085

说说"语迟"这件事 …………………………………… 孟彧涵 // 109

修炼"无我状态"　积极倾听孩子 …………………… 海　心 // 126

花季有雨　青春无悔 ………………………… 林秀红　郭悦慈 // 157

第二部分　人格教育实践

"心"教育　爱无痕 …………………………………… 袁春红 // 180

爱与成长的旅途

　　——母女旅行札记 ………………………………… 陈　萌 // 200

爱伴成长 ………………………………………………… 李　巧 // 222

逃离舒适区 ……………………………………………… 宋一德 // 245

心出发　新自己

　　——送给所有陪伴孩子的父母 …………………… 张雅莉 // 269

第一部分

人格教育理论

在奔跑的路上，家长首先要解决两个问题：
知不知道？知道的正不正确？

如果这两个问题没有得到解决，
那么，家长会在错误的道路上越跑越远。

家长总在追问家庭教育的秘籍，
希望有个屡试不爽的绝招好对付孩子。

那么，看看老师们是如何
在日常的家庭教育中总结人格教育理论的。

《无边界　不父母》

洪伟老师和洪瑜老师通过分析大量的咨询个案并结合理论，深入浅出地把家长和孩子的边界做了清晰的梳理，阐明家长和孩子应建立合理的边界，以及培养孩子的独立人格。

《爱在我家——用萨提亚模式探索原生家庭对个人成长的影响》

翟东琳老师通过对萨提亚理论的介绍并结合心理咨询的实际案例，阐述了原生家庭对个体发展与成长的影响，清晰地描绘了幸福家庭的画面以及如何为孩子构建良好原生家庭的路径。

《创造力与全民创新》

2016年1月，瑞士达沃斯召开了世界经济论坛，发布了未来工作报告，把创造性人才的培养需求从原来的第十位上升为第三位，可见世界对人才创新性培养的重要性和紧迫性。

文章从创造性的起源、培养创造力的条件、哪些人具备创造力特质与潜能、怎样去唤醒每一位个体的创造力等方面进行举例和阐述，内容通俗易懂，富有趣味性，看完整篇文章，对孩子的家庭教育及培养有一定的启发。

第一部分
人格教育理论

《说说"语迟"这件事》

亲子关系不良的家庭,焦虑情绪是标配。遇到孩子讲话迟缓,更是全家人焦虑的头等大事。孟彧涵老师透过说说"语迟"这件事,有效解决了家长的焦虑情绪,更能看到解决问题的智慧。

《修炼"无我状态" 积极倾听孩子》

海心老师是一位集美貌与智慧于一体的辣妈。她拥有丰富的家庭教育指导经验,为人亲和力极强,在耐心倾听的过程中,总能一针见血地指出家长在亲子沟通中的种种困境和问题,并给予有效的方法帮助家长,因此,她的家庭教育课程受到广大家长的热捧。在这里,我们慢慢倾听海心老师的"无我修炼"秘籍,走进孩子的内心世界。

《花季有雨 青春无悔》

孩子成长路上,青春期是绕不过去的一个话题。青春期也是孩子人格形成的重要时期。因此,如何给"叛逆"的孩子做青春期教育,变成了家长头疼的一个问题。

林秀红老师作为一名资深医护人员和心理咨询师,协同郭悦慈,不仅从生理的角度解读青春期,更从心理的角度给家长和孩子提出很好的建议。

奔跑吧，爸妈

——心理学工作者的人格教育实践

无边界　不父母

洪伟

洪瑜

第一部分
人格教育理论

作者简介

洪伟 临床心理学博士,爱普希心理资本机构创始人,国家二级心理咨询师。

知名心理危机干预专家,EAP专家,家庭教育专家。

拥有十余年世界500强中高层管理经验,多家高校就业与心理顾问、客座教授。

参与编著《孩子去哪儿》,多次充任中央人民广播电台与凤凰卫视节目嘉宾,多次接受《心理医生》专访。

洪瑜 国家二级心理咨询师,沙盘游戏咨询师,游戏咨询师,美国爱家"青春无悔"授权讲师。师范院校毕业20年以来,一直践行家庭教育,擅长青春期教育、财商培养等方面的心理咨询。

一个"伟大"的妈妈的故事

坐在我面前的来访者是一位60多岁的母亲,她是街道的文娱骨干,头上白发已过半,但讲话时仍然中气十足。已经退休的她本来可以安享天伦之乐,此时却一脸沮丧地坐在沙发上,诉说她遇到的烦恼。

她的儿子和媳妇关系冷淡,经常吵架。他们平时上班的地点相隔很远,周末也经常不在一起。儿子甚至在长假时找其他朋友到外地旅游,完全忽略媳妇的存在。

在她的眼里,媳妇非常好,温柔体贴又孝顺。她不想让媳妇受委屈,更不想看到儿子的婚姻走向死胡同,于是慕名前来咨询。

"能讲一讲你儿子成长的故事吗?"我说。

"他呀,从小到大都是一个特别优秀的孩子!"谈到儿子的成长故事,母亲一改刚才的沮丧,脸上洋溢着自豪,眼里露出别样的光彩。

的确,她的儿子很优秀,从小就听话,成绩也很好,985高校本科毕业后去澳大利亚留学,学成后服从母亲意愿进入了公务员队伍。

儿子唯一的缺点,就是性格内向,迟迟没有找到女朋友。母亲就给他安排相亲,他现在的媳妇就是母亲介绍的。

儿子和媳妇均是高学历人才,公务员身份令人尊敬,经济基础也非常好。在很多人眼里,他们是天造地设的一对,应该很幸福,是令人羡慕的对象。

（二）人格

随着人的不断成熟与发展，人的边界会越来越多，其人格也会越来越丰富并趋向稳定，形成一个个棱角分明、个性鲜明的人。

家长没有处理好自己和孩子的边界问题，是家长还没有形成健康的人格，也会影响孩子日后形成健康的人格。

这就是我们所说的"无边界，不父母"。

在日常咨询中，我们经常看到很多这样的来访者，孩子有这样那样的问题，跟家长不恰当地处理自己和孩子的边界有很大的关系。

因此，家长合理处理自己与孩子的边界问题，不仅仅对孩子健康人格的培养非常重要，也对完善家长自身的健康人格有极其重要的意义。有边界的父母，才能培养出具有健康人格的孩子。有健康人格的家长，自己才能幸福，孩子才能幸福。

家长不幸福，委曲求全，孩子长大以后也很难拥有幸福。

案例中的"伟大"母亲，儿子家庭不幸福，她自己也掉进不幸福的深渊。儿子已经觉醒并做出反抗；如果她不调整自己与孩子的边界，还可能酝酿出更大的不幸。

（三）家长和孩子的边界类型

家长在和孩子相处的过程中，不断形成并调整自己与孩子的边界。总体而言,家长与孩子的边界可以分为两种类型。

健康的边界:家长能恰如其分地区分自己与孩子的边界,懂得如何与孩子建立亲密的亲子关系,也懂得在适当的时机从孩子的亲密关系中退位、让位。

不健康的边界:家长自身的人格并不完善,加上对孩子的爱之深(可以为孩子付出一切)、痛之切(孩子的问题不能不管)、恨之极(孩子的问题已经管不了,于是由爱到冷漠,出现暴力甚至抛弃),导致家长与孩子长期处在不健康的、畸形的边界关系中。

不健康的边界中,有三个误区是家长容易踏入却并没有觉察的,分别是缺位、越位和错位。家长在处理自己和孩子的边界问题时,应尽量避免缺位、越位和错位,才有可能成为一个合格的家长。

二、缺位的边界：缺位的父亲与焦虑的母亲

（一）缺位的父亲

缺位，指家长中至少一方长期缺席孩子的家庭教育，孩子长期缺乏父母双方的关爱。

在中国，家庭教育中缺失的边界，更多指父亲在家庭教育中的缺位，这也是我们通常所说的"缺失的父爱"。

我经常受邀给家长做培训，而现场的学员大部分是母亲。这引发了我的思考：这种现象到底是个性还是共性？这种现象到底到了哪种程度？为什么会出现这种现象？

于是，我从2014年开始观察和统计不同的家庭角色（父亲、母亲、爷爷/姥爷、奶奶/姥姥）在与孩子有关的活动中出现的次数和比例。这些与孩子有关的活动，包括接送孩子上学、放学，出席家长会、开学/散学典礼、家长开放日，参加家长培训、亲子游、送孩子就医，等等。时间段大部分是早上和下午接送孩子，也包括部分晚上和周末等非工作时间。

截至2016年年底，我在3年内观察了30场与孩子有关的活动，累计9275人次。结果显示，出现在与孩子有关的活动中的比例，母亲占65%，父亲占21%，奶奶/姥姥占9%，爷爷/姥爷的5%，详见表1-1。

奔跑吧，爸妈
——心理学工作者的人格教育实践

表1-1 不同的家庭角色出现在与孩子有关的活动中的人次和比例（单位：人次）

与孩子有关的活动	参与活动的角色的人次统计				
	父亲	母亲	爷爷/姥爷	奶奶/姥姥	小计
2014年6月8日（周日）福田区某图书馆亲子馆*	8	38	2	2	50
2014年11月6日（周四晚上）龙岗区某幼儿园大一班家长会*	4	12	0	2	18
2014年11月6日（周四晚上）龙岗区某幼儿园大二班家长会*	6	14	0	3	23
2014年11月28日（周五）龙岗区某幼儿园接孩子放学	6	40	5	54	105
2014年12月1日（周一）宝安区某幼儿园送孩子上学	11	69	6	67	153
2015年1月30日（周五）龙岗区某幼儿园散学典礼	6	14	1	2	23
2015年3月10日（周二晚上）龙岗区某幼儿园家长会*	7	12	0	1	20
2015年4月20日（周一）龙岗区某幼儿园大二班家长开放日	6	13	0	4	23
2015年4月20日（周一）龙岗区某幼儿园家长开放日	36	94	22	39	191
2015年10月17日（周六）龙岗区妇儿中心讲座*	3	16	0	0	19
2015年10月23日（周五晚上）龙华区某学校家长讲座*	13	27	0	1	41

续表1-1

与孩子有关的活动	参与活动的角色的人次统计				
	父亲	母亲	爷爷/姥爷	奶奶/姥姥	小计
2016年2月7日（周日）爱普希小报童活动*	4	14	1	1	20
2016年3月9日（周三晚上）龙岗区某幼儿园家长会*	7	15	0	0	22
2016年6月17日（周五）龙岗区某幼儿园父亲节活动	62	80	4	16	162
2016年7月17日（周日）福田区青春期讲座*	26	72	2	5	105
2016年10月13日（周四晚上）福田区某小学家长会*	19	33	0	0	52
2016年10月20日（周四）福田区某小学送孩子上学	15	21	33	32	101
2016年10月27日（周四）福田区某小学送孩子上学	51	92	52	48	243
2016年10月31日（周一）福田区某小学送孩子上学	27	45	24	20	116
2016年11月18日（周五）福田区某小学送孩子上学	7	14	0	1	22
2016年11月28日（周一）福田区某小学接孩子放学	26	60	56	72	214
2016年11月29日（周二）福田区某小学接孩子放学	21	85	92	98	296

续表1-1

与孩子有关的活动	参与活动的角色的人次统计				
	父亲	母亲	爷爷/姥爷	奶奶/姥姥	小计
2016年12月6日（周二）深圳儿童医院就诊	223	381	31	106	741
2016年12月8日（周四）深圳儿童医院就诊	160	250	32	54	496
2016年12月9日（周五晚上）罗湖区某学校家长课堂*	45	77	5	7	134
2016年12月9日（周五晚上）某大型家庭教育课堂报名*	370	3098	7	30	3505
2016年12月10日（周六）深圳儿童医院就诊	410	623	42	48	1123
2016年12月10日（周六）福田区某图书馆家庭教育讲座*	8	40	0	0	48
2016年12月10日（周六）南山区某图书馆陪伴孩子*	76	204	8	11	299
2016年12月10日（周六）深圳湾公园户外活动*	290	503	39	78	910
人数小计	1953	6056	464	802	9275
比例小计	21%	65%	5%	9%	100%

注：标注*的活动，是非工作时间的活动，包括周六、周日和周一至周五的晚上。

虽然这个统计还不完整，但父亲的缺位已经是不争的事实。

与家庭教育中父亲的缺失遥相呼应的，是学校教育中男教师比例也明显偏低。

在世界各国的学校中,男教师都不多见,但这一现象在中国尤其明显。据北京师范大学的一项调查显示,中国各级各类学校1500万专任教师中,男教师仅占25%。

2016年,我在全国发起一项调查,抽样13所学校或培训班共计2152名教师,统计结果为男教师占教师总人数的38%,详见表1-2和图1-1。

表1-2 学校或培训班教师的性别比例

学段	抽样学校	人数/人			比例	
		男教师	女教师	小计	男教师	女教师
幼儿园	湖南省长沙市某幼儿园	1	30	31	3%	97%
	广东省深圳市宝安区某幼儿园	0	30	30	0%	100%
	广东省深圳市龙岗区某幼儿园	0	28	28	0%	100%
小学	广东省广州市某小学	14	151	165	8%	92%
	广东省湛江市某小学	7	66	73	10%	90%
	广东省深圳市某小学	17	71	88	19%	81%
	广东省深圳市某小学班主任培训班	12	184	196	6%	94%
初中	广西壮族自治区柳州市某初中	58	39	97	60%	40%
	广东省珠海市某初中	48	84	132	36%	64%
	广东省深圳市某中学班主任培训班	23	149	172	13%	87%
高中	四川省乐山市某高中(含初中)	350	225	575	61%	39%
	上海市某高中	169	176	345	49%	51%
	广东省深圳市某高中	124	96	220	56%	44%
	小计	823	1329	2152	38%	62%

注:具体到幼儿园、小学、初中、高中这四个学段,孩子在幼儿园几乎没有见过男教师(1%),小学生遇到男教师也要看运气(10%),而且男教师是体育老师的可能性极大。

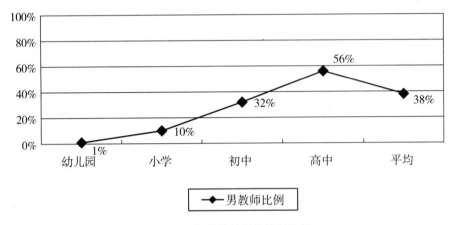

图1-1　各学段教师的性别比例

社会上讲家庭教育课程的男老师,更是凤毛麟角。以国内知名的"智慧谷"讲师团为例,60位讲课老师中,男老师只有5位,比例仅为8%。这不是个别现象,家庭教育讲座出现"女讲师+女家长"的群体特征也不足为奇了。

我们的孩子从一出生到12岁,基本生活在女性圈子中,在家是妈妈带,在学校是女教师教。

幼儿园和小学阶段是人格形成的重要阶段,中学阶段则是人格完善的重要阶段。在这些重要阶段中,男性角色的缺位,会对孩子人格的形成与完善,特别是对孩子的性别认同、性别角色与责任的认知,造成消极或负面的影响,甚至影响到他们未来的婚姻和家庭关系。

中国的学校要提高男教师的比例,并不是短期能解决的问题。因此在目前的情境下,父亲更有必要参与到家庭教育中。

(二)父亲缺失的原因:爸爸去哪了

根据表1-1,父亲陪伴孩子的比例只有21%,那么,爸爸们都去哪了呢?什么原因造成了父亲缺位的家庭教育?

1. 家庭经济压力

目前,中国的家庭支柱大部分是父亲。在孩子出生后相当长的一段时间,是父亲在职场上重要的奋斗阶段、干事业的黄金年龄。特别是部分岗位的工作性质,还需要他们加班、应酬,甚至出差和到异地工作。这是他们在家庭教育中缺位的客观原因。

咨询中我遇到过一个父亲,他一天打五份工,奔波于生计,根本没有时间顾及孩子的教育。当孩子出现一些小状况时,他就采用简单粗暴的棍棒教育。结果孩子出现"逆反",问题越来越多,甚至离家出走。

留守儿童现象,就是父母一方或双方由于经济压力,从经济较为落后的地方,到经济发达的地方工作,孩子被留在老家生活与学习。孩子渴望得到爸爸妈妈的爱却得不到,长此以往,部分孩子就出现了一些不良行为。

在某一线城市的儿童医院,住院部里有一些得了"怪病"的小病号。他们是留守儿童,在老家经常咳嗽、感冒、发烧,求医问药都不见好。他们的父母一回老家看望就好了。但等父母一走,他们又继续犯病。于是,他们被父母送到儿童医院住院并长期观察。

2015年年底,我参加深圳光明新区滑坡事件心理危机干预,其中一对母

奔跑吧，爸妈
——心理学工作者的人格教育实践

子给我留下了深刻印象。

母亲为了把儿子带到安全区域，双腿被异物严重扎伤，腿上缠着的厚厚的绷带仿佛在诉说当时的惊心动魄。

"眼见楼房快要倒塌了，我们第一时间想到的就是儿子。冲回宿舍，拉着他拼命往外面跑，哪里还会注意到地面的情况？"母亲在回忆逃生的经历，不时地看着孩子，眼中饱含慈爱。

14岁的儿子是个留守儿童，2个月前刚刚辍学并来到父母的身边打工。

此时，他坐在椅子上，低着头，玩着手机，旁若无人。

那一刻，我感觉人生最远的距离也不过如此。

家长为生活奔波，家庭经济水平可能上去了，家庭关系却冷漠了。

我们经常会做一些距离我们的初衷或目标越来越远的行为，有时候是不知不觉，有时候是控制不住自己。

2. 家庭亲密关系不和谐

如果家庭关系中亲密关系不和谐，父亲会花更多的时间在外面以躲避回家后遇到的问题，这也会影响父亲陪伴孩子的时间，孩子甚至会成为夫妻之间的出气筒。

特别是单亲妈妈，她们的孩子会比一般家庭的孩子更缺少父爱，甚至过早地被卷入成年人的世界。

有一位妈妈带着10岁的男孩来做咨询，说孩子经常咬手指头，甚至咬到鲜血淋漓，和同学的关系也比较紧张，偶尔还有攻击行为。

在一次咨询中，男孩问："洪老师，我可以周末请你吃饭吗？"

我问："你为什么要请我吃饭呢？"

男孩说："你到时候可以跟我的爸爸、妈妈好好聊一聊。"

原来他的父亲、母亲已经分居五六年，近期在办理离婚手续。母亲以为孩子已经习惯了没有父亲的日子，也以为离婚的事情做得天衣无缝，对孩子没有影响。实际上，多年的夫妻分居造成父爱的缺失，已经给孩子带来很大的心理创伤。

这种影响和心理创伤，在另一个来访者身上也可略见一斑。

她是一个非常漂亮的知性女性，读书时品学兼优，追求她的男生很多。大学毕业后不久，她出乎意料地和一个40多岁、相貌平平的大叔结婚，大家都说"一朵鲜花插在牛粪上"。婚后三年争吵不断，她来咨询的时候已经走到了离婚的边缘。

原来，她6岁起就和离异的母亲相依为命，生活非常艰难，却没有得到经济情况比较好的父亲的支持。有一天晚上她独自回家，看到漆黑的房间里家徒四壁，什么吃的也没有。孤独无助的她，心里默默流泪的同时也做了一个决定：永远不要被人抛弃。缺乏安全感的她，虽然勤奋上进，但内心却掩藏着刻骨铭心的自卑，觉得自己没有资格拥有美好的东西，甚至觉得只有家境殷实的大叔才能保护自己。这就是一个缺乏父爱而自卑的孩子。

有个说法是：如果你爱孩子，请爱你的配偶。如果夫妻两个人最终还是走不到一起，也请把离婚这件事对孩子的负面影响降到最低，就如我看到的一则公益广告：夫妻缘不再，亲子情常在。

3. 家庭教育理念

有些父亲认为，家庭教育就是带孩子，就是吃喝拉撒，就是辅导功课。而这样婆婆妈妈的事情，不是他们大男人的责任。

也有父亲认为，他们小的时候父母也没怎么陪伴，自己还是一样长大。

还有家长认为，他们现在没有办法陪伴孩子，等他们事业有成、功成名就时就可以弥补之前的过错。

事实是这样吗？在培训时，我都会举一个简单的例子。

新生儿的脑部重400克左右，9个月后他们的脑部重量会增长一倍。到了五六岁时，他们的大脑重约1300克，到10岁时几乎达到成人的脑部重量，即1400克。大脑生理学的研究表明，儿童脑重量的增加并不是神经细胞大量增殖的结果，而是由神经细胞结构的复杂化和神经纤维分支增多、长度伸长所导致。

大脑的急剧发育，极大促进了5～10岁儿童在语言表达、人际关系、行为习惯等方面的发展。在这个阶段的儿童，经常会发生让他人"士别三日当刮目相看"的现象。

大脑的发育，除了营养和锻炼外，还需要大量活动的刺激与互动。而这些都需要家长的参与，特别是父亲的参与，来锻炼孩子的手脚活动能力、手眼协调能力等。

所以，父亲缺席孩子这些重要发展时机，造成的遗憾是不可弥补的。

家长并不是完全没有时间陪孩子，就看他们有没有心思抽空陪孩子。一份调查结果显示，30%的父母回家以后做得最多的事，就是看电视和上网，以此释放上班的压力，调节情绪。此外，还有极少数的父母会把工作带回家完成。

正是父亲对家庭教育不重视，甚至还有很多错误的理念，从而白白丧失与孩子建立良好亲子关系的机会。

这样的家长中，高学历的父亲不在少数。在咨询中，我们会看到很多名牌大学本科、硕士或博士毕业的家长，一直在寻找各种客观的原因，在提醒后还是没有意识到是自己的原因。

有一位父亲，因休学在家的儿子慕名前来咨询。

他一脸的自责与内疚，说："洪老师，只要孩子能上学，一切代价我都可以付出！"

我说："其实你在家多陪孩子就好了。"

"嗯……洪老师，我近期比较忙，真没有时间。要不你多陪孩子聊天，多少钱我都愿意给……"

我看着这位在富豪榜都能找得到名字的父亲，内心深深地叹了一口气，也深深地感受到他儿子的无助感。

这根本不是钱的问题！

说到底还是对家庭教育不重视！

还有一些父亲，性格外向、开朗，喜欢迎来送往，没有什么事情也要找同事、朋友吃饭、喝酒、打麻将……他们在外面的活动搞得红红火火，同事和朋友的评价都很高，但他们却忽视了妻子和孩子也需要陪伴，或者在他们的脑海里，根本没有家庭教育理念。当家庭出现状况时，他们才恍然大悟、后悔不已。

（三）父亲缺位的后果：焦虑的母亲

1. 焦虑的母亲

父亲由于各种原因缺席家庭教育，造就了一个"假性单亲母亲"的现象。"假性单亲母亲"，也称"丧偶式教育"，就是指父亲没有参与太多的亲子活动，母亲经常带着孩子出入各种场合，不知情的人还以为他们来自单亲家庭。

父亲的缺席，除了可能会对孩子的人格教育带来不良影响外，还有一个很大的副作用，就是焦虑的母亲的养成。

父亲的缺席，导致家庭教育的重担压在母亲肩上。职场中的母亲既忙于工作又忙于家庭，她们有空照顾家人，却不一定有空照顾自己。特别是孩子上学后，面对作业和成绩的压力，母亲的焦虑值急剧上升。每次辅导孩子作业都是斗智斗勇的大戏，一不小心就上演"亲妈"到"后妈"的狗血剧。

于是，为了孩子而辞职，成为全职妈妈的女性越来越多。据媒体报道，2015 年韩国有 31789 位年龄在 20～40 岁的女性辞职，迈入全职妈妈的行列。在中国，全职妈妈的人数也在不断攀升，尤其是全面开放二孩政策后。2016 年某机构在全国 600 多个城市对 16450 位家长进行调查，结果显示，未来选择一定做全职妈妈的比例高达 8.2%，加上有可能做全职妈妈的比例共计 23.5%。

2. 有种苦，叫作全职妈妈的苦

即使是全职母亲，她们一个人就能胜任孩子的家庭教育重担吗？

第一部分
人格教育理论

有个母亲，很开朗，在我看来内心已经算强大了。

某次见到我时，她还是忍不住吐槽压力大，说："每次看到老师都心惊胆战，怕老师投诉孩子不听话；每次看到老师在微信群里表扬别人家的孩子如何优秀时也郁闷不已；每次看到老师布置的作业也心虚不已，自己看了题目都头晕……"

现在，老师又要求家长帮忙排英语剧，她彻底爆发了："老师，我们除了有孩子，还有什么？"

甚至还有全职妈妈因为孩子教育不好，在丈夫面前深深地自责："我全职在家，居然连孩子都搞不定……"

是的，我们看到全职妈妈好像过着自由自在、无忧无虑的幸福生活。

实际上，她们的时间严重碎片化，她们是根据孩子的作息来安排自己的生活。

实际上，她们加入了一个注定全年无休，还没有劳动法保护的职业。

实际上，她们每天都生活在丈夫、孩子、老师以及其他家庭成员的夹缝中……

有种苦，叫作全职妈妈的苦！

她们表面光鲜，实际可能过着黄脸婆的日子！

她们承担了很多无法承受的压力，生活在焦头烂额的日子中。

很多母亲的焦虑，或许从备孕就已经开始了。我在全国很多城市，都遇到过结婚多年却没有怀孕的夫妻，他们的脸上都写满焦虑。怀孕后，准妈妈就变成家庭重点保护对象，做什么事情都要小心翼翼，总担心做错什么从而"一失足成千古恨"。孩子出生后的喂养,再到出生后的教育,每个母亲都有不同的焦虑。

我们有个"智慧谷"平台,每周三晚上八点公益直播"智慧家长"微课堂,全国有1万多人收听。课程结束后有互动提问环节,我摘录了部分家长提问,全是满满的焦虑。

"玩游戏前就约定结束时间,但到点后多次提醒无效,我需要果断制止他吗?"

"我的女儿很聪明,折纸看一遍就会了。我现在怀了二胎,担心由于没有足够的时间陪伴她,而慢慢把她这种能力抹杀了。"

"女儿两岁半,在早教课上经常会被其他同学欺负。我该怎么处理和引导小孩呢?我怕这样下去会影响她的性格。"

"儿子4岁,喜欢拿我的手机玩游戏,我们也约法三章,规定每周六做完功课后才能玩。但他并不满足,会找借口拿我的手机,例如说帮我拿手机或者要在手机上听歌、学英语……我该怎么办?"

"女儿7岁,第一天开开心心去补课,第二天却不想去了。孩子厌学怎么办呢?"

"孩子他爸喜欢很粗暴地教育孩子,例如脚踢、推、打、突然关闭电视。我该如何教育他?"

"女儿8岁,熟人问她吃饭了没有都不愿意回答,还要我重复一遍,她才会小声地说。"

"儿子5岁,最近举止过于热情,老爱抱我、亲我。请问他是有什么想法吗？"

"女儿很内向，我问她问题总是不回答，跟别的小朋友又可以很自在、很愉快，是我管教得太严了吗？"

"发现14岁的儿子在网上看色情漫画，我该怎么办？"

....

3. 焦虑的母亲的解放路径

一个焦虑的母亲找到我，她坐在沙发上，眉头紧锁，眼神忧郁，脸部肌肉紧张，双手在不停地搓着。

"洪老师，我该怎么办？孩子现在都不见我了！"她从这句话开始描述她遇到的问题。

她们一家三口关系曾经非常融洽，但在孩子读初三时丈夫被双规入狱。一直视父亲为榜样的儿子，接受不了这样的现实，情绪出现极大地波动，成绩也一落千丈，还时而出现幻听，甚至有被害妄想。儿子到医院就医被诊断为抑郁症，开始服用药物和进行心理咨询。

儿子近期感觉服用药物对身体伤害很大，想停用药物并通过自己的锻炼等方式康复。母亲担忧孩子停药后病情反弹更严重，觉得药不能停，于是几次偷偷地给儿子的水里"下药"。儿子发现母亲"下药"行为后，情绪大变，从此不再搭理母亲。

一方面担心孩子的病情恶化，另一方面担心亲子关系恶化，这个母亲的情绪很不好，食欲不振，睡眠不好，上班也打不起精神。对孩子的焦虑，已经深深地影响到这位母亲的生活与工作。

和这位母亲一样焦虑的母亲还有很多,她们深陷其中,习以为常,或者百思不得其解。

母亲的焦虑情绪充分体现了她们对家庭教育的关注和对孩子的爱,但过分的焦虑却被很多商家利用来赚取金钱。越焦虑、越关注、越买单,报名参加各种兴趣班、补课班、培训班。

例如,有些家长到外面听家庭教育的讲座,就会拿自己和老师比较,拿自己的孩子和别人家的孩子比较。结果就会发现自己缺乏足够的家庭教育知识而产生无助感,发现自己有很多错误的教育理念而产生内疚感,当发现孩子有不良行为后会更加焦虑。而部分教育工作者还没有意识到这个问题,或者他们也和不良商家一样,消费家长的焦虑情绪。

表面上,母亲的焦虑指向孩子,是孩子的学习等原因让她们变得焦虑。母亲的这种焦虑,除了对自己的身心造成极大的影响外,也会把自己的焦虑传达给孩子。焦虑的母亲,会导致孩子没有安全感,缺乏自信。所以,焦虑的母亲首先要学会管理自己的情绪,学会与自己的焦虑情绪和平相处,接纳现状,由焦虑到平和。

我们的"智慧家长"微课堂,定位为培养智慧家长,而不是培养焦虑的家长。微课堂从第一期开始就把"做智慧家长,从降低焦虑开始"作为我们坚持的理念之一,做到讲课恰如其分,不夸大,不恐吓。

其中有几期微课堂的老师,来自微信群中普通的家长,分享他们的家庭教育理念与实践的闪光点。这样的课程很接地气,受到家长的热烈欢迎,也契合了我们的初衷——家庭教育并不只像老师们讲得那么高高在上,我们每一个家长只要用心，都可以做得很好。

（四）成为一个伟大的父亲

一个男人要取得更大的成功，必须先成为一个伟大的父亲！

在中国，很多男人都会被灌输并接受一个理念：舍家立业，即为了事业的发展，就需要在家庭上付出一定代价。

但是，家庭教育都搞不好的家庭，特别是亲子关系不良的家庭，能幸福吗？

有一个来访者，其设计的高端服装占据中国整个服装行业70%以上的市场，也赚了很多的钱。谈起自己的成就滔滔不绝，但谈到儿子就一脸愁容，因为他的儿子已经休学在家多日。

在孩子需要父亲陪伴时，父亲都在职场中奋斗，早出晚归为生活拼命。当他们拥有了一定财富后，却发现孩子出现了各种问题。

在中国，传统的家长还是会把自己所拥有的财富留给孩子。如果有一个不省心的孩子，家长赚取的金钱，会变成孩子堕落的加速器。

有一则对话，可以引发那些忙于赚钱的家长思考。

家长对孩子说："我们现在这么忙，没有时间陪伴你，是为了赚更多的钱，将来送你到更好的学校学习。"

孩子说："等我长大了，也赚很多的钱，然后送你们去最好的养老院。"

在这里恳请所有的父亲：放慢你们赚钱的步伐，珍惜与孩子相处的时光。

我给所有的父亲一个忠告：除非出于国家的需要，否则一个男人牺牲家庭取得的成就都是暂时的，一个男人要取得更大的成功，必须先成为一个伟大的父亲！

我们讲师团里，就有一个伟大的父亲，他的名字叫宋一德。

他的更年期遇上了女儿的青春期，但是他意识到家庭里面出现了一丝亲子关系的危险火苗。

他为了理解女儿的观点与感受，从零开始学习心理学。

他为了给女儿树立榜样，开始走出舒适区挑战自我，例如左脚开车、学吉他。

他把女儿当作伙伴，对着女儿招手：来，我们一起加油努力……

三、越位的边界：越位的家长和互相绑架的爱

（一）越位的家长

越位，足球专业术语，一般形容超越自己的职位或地位的行为。

越位的家长，指在家庭教育中，家长超越了自己的界限，打着各种名义干涉孩子分内的事情，俗称"捞过界"的家长。

培训中，我是这样诠释越位的。

世界上只有三类事情：

第一类是老天爷的事情，如今天下不下雨，明天刮不刮风，后天有没有雾霾……

第二类是别人的事情，如别人的孩子好不好，别人的老婆漂不漂亮，别人的丈夫是否很有钱……

第三类是自己的事情，如我的心情好不好，我幸不幸福……

如果你管了别人的事情或老天爷的事情，就是越位。

来心理咨询的人，一般来说都是越位的，管了不该管或者根本管不了的事情，才引起了内心的冲突。

家庭教育中，家长分不清自己和孩子的界限，管了孩子分内的事情，是引起家庭教育问题的根本原因。

我是深圳市某高中的心理顾问,有一次家委会的家长拿着他们起草的《手机使用承诺书》征求我的意见。

承诺书大意如下:期末考试来临之际,为了集中精力复习迎考,争取考出理想成绩,从现在起至考试结束,我承诺合理使用手机,做到进校学习时间不带手机,在家写作业与睡觉期间,手机由家长暂时保管……

我笑着说:"使用手机,到底是谁的事情?"

有家长马上意识到手机如何使用是孩子的问题,但还是有很多家长坚持说是家长自己的事情,他们振振有词:如果家长不严格要求,孩子控制不住自己,怎么办?

我问:"按照这个流程,这个使用手机的承诺,到底是你们家长的承诺还是孩子的承诺?"

这就是典型的"越位"的家长,他们有时候不知不觉地帮孩子做出了某个决策,于是孩子就这样"被承诺"了!

"被承诺"的孩子,不会发自内心去执行承诺,他们会应付,甚至是偷偷地违背这种"丧权辱国"的承诺,因为他们的潜意识中认为"这不是我做出的承诺"。

同时,家长也会责怪孩子的执行力和信用:你做出了承诺,为什么做不到?

于是,家长和孩子陷入了一个互相责备或埋怨的怪圈。

有智慧的家长,会知道使用手机是孩子自己的事情,只有孩子意识到使用手机给学习带来的影响,他们才会发自内心地执行。例如,在班级中发起一场辩论,辩论赛题目为:(正方)使用手机促进学习,(反方)使用手机妨碍学习。在辩论中,各种观点的碰撞会让学生更加全面地看待手机的使用对学习的影响。

所以,家长越位的本质,是家长不信任自己的孩子,不相信他们可以做得比我们家长还要好,不相信他们有独立的能力……

在很多的亲子活动中,本来是要求家长和孩子一起完成的。家长坚持了一会,就会发现孩子跟不上他们的节奏,于是出现孩子在看,家长挽起袖子亲自上阵,全力以赴完成任务还乐此不疲的场景。这样的场景,在绘画、跑步、手工等众多亲子活动或游戏中经常出现。

(二)习得性无助和习得性受益

"习得性无助"是美国心理学家塞利格曼 1967 年在研究动物时提出的概念,他用狗做了一项经典实验。

起初,他把狗关在笼子里,只要蜂音器一响,就施以难受的电击,狗被关在笼子里逃避不了电击。多次实验后,蜂音器一响,在给电击前,先把笼门打开,此时狗不但不逃反而是不等电击出现就先倒在地上开始呻吟和颤抖,本来可以主动地逃避却绝望地等待痛苦的来临。

家庭教育中也有一种"习得性无助",是孩子尝试通过与家长建立连接,多次失败后就不愿意再尝试,因为他们觉得自己和爸爸妈妈原本就应该如此。

家庭教育中还有一种由于"习得性受益"而造成的"习得性无助"。

奔跑吧，爸妈
——心理学工作者的人格教育实践

有一次朋友带着3岁的儿子来参加聚会，我看到她的儿子坐在婴儿车上，就说："3岁的孩子可以不用婴儿车了吧？"

朋友坚定地说："孩子还小，会累坏的，没有婴儿车会不习惯。"

我思考：到底是孩子离不开婴儿车，还是家长离不开婴儿车呢？

诚然，孩子小的时候，由于身体发育和体能的问题，在一段时间需要婴儿车代步和休息。而家长在使用婴儿车过程中，体验到了越来越多的好处。例如：

不用抱孩子那么累，同时解放了双手做其他事情；

不用牵着孩子的手走路，一推就走，不用磨磨蹭蹭在路上浪费时间；

孩子外出必备的东西，也可以放在婴儿车上，不用背得那么辛苦；

外出购物时，还可以把一大堆的东西挂在婴儿车上面，真是太方便了。

…………

家长越是感受到婴儿车的妙用无穷，就越是对婴儿车产生依赖，这就是"习得性受益"。

"习得性受益"的家长会把自己的需求说成是孩子的需要，用孩子的需要遮掩自己的需求。

打着"孩子离不开婴儿车"的旗号，继续方便自己使用婴儿车时，家长就产生了越位。而越位的家长，也会造就"习得性受益"的孩子。

随着身体发育，孩子体能也比以前有很大的进步，他们便有了脱离婴儿车的可能。但在越位的家长的培养下，孩子就会产生惰性，不愿意多走路，很好地"配合"家长使用婴儿车。这样的孩子，由于没有充分的走路锻炼机会，体质会较其他孩子差，意志的坚韧性也会不如其他孩子。

当外部环境发生变化，需要他们走路甚至走很长的路时，他们就会变得"习得性无助"，他们不知道如何面对没有婴儿车的日子。当孩子变得"习得性无助"时，家长束手无策，也不知道该怎么办。

这就是一个"习得性受益"的家长，到"习得性受益"的孩子，再到"习得性无助"的孩子，最后到"习得性无助"的家长的演变过程。

一个勤奋的母亲，是孩子的榜样，但一个过于勤奋的母亲，可能培养出一个衣来伸手、饭来张口的懒惰的孩子。家长一辈子为孩子操心，到后面就分不清楚为"谁"操心，操"谁"的心，结果懵懵懂懂就成了"越位"的家长，并剥夺了孩子成长的机会。

博弈论中的"智猪博弈案例"是一个很好的例证。

假设猪圈里有一头大猪、一头小猪。猪圈的一头有猪食槽，另一头安装着控制猪食供应的按钮，按一下按钮会有10个单位的猪食进槽，但是谁按按钮就会首先付出2个单位的成本。若大猪先到槽边，大、小猪吃到食物的收益比是9∶1；同时到槽边，收益比是7∶3；小猪先到槽边，收益比是6∶4。最终结果是：在两头猪都有智慧的前提下，大猪在猪槽的两端来回奔波，小猪则坐享其成。

家长的初衷都是为孩子好，辛辛苦苦一辈子，结果却出人意料。很多家长都不理解、不接受这样的结果，委屈和不满会伴随眼泪在他们的心中流淌。

奔跑吧,爸妈
——心理学工作者的人格教育实践

(三) 被绑架的爱

"习得性受益"造成的"习得性无助"更有隐蔽性,危害也更大。

"习得性受益"打着爱的旗号,用爱绑架孩子的幸福。

从家庭角色来看,父亲和母亲都易有"越位"的可能性。

从现实来看,母亲在孩子的吃喝拉撒、情感等方面容易越位。所以,大部分大龄青年家里都有一个越位的母亲,她们整天唠叨地做思想工作和进行相亲轰炸,比自己结婚还着急,恨不得自己签字同意事情就办了,而父亲容易在孩子学业选择、职业规划等方面越位。

"越位"的家长,都是从"帮"孩子做更多的事情开始,到互相依赖,最后演化为"绑架"。而被"绑架"的爱,有两个层面:一个是家长用爱的名义"绑架"孩子,另一个是被"绑架"的孩子用抵抗的方式"绑架"家长。

有一位来访者是24岁的男孩,身高接近1.8米,身体很壮。

"洪老师,这样的日子我不想再过了!"他坐在沙发上弯着腰、低着头,声音很小。

从他的低声诉说中,我了解到:他深深地爱着父母,是一个很孝顺的孩子。但父母感情不好,经常吵架。同时他从小到大,都是习惯被安排,没有发声的机会,他生怕由于自己的不听话而让父母本来不和的感情雪上加霜。从高中的文理科选择到高考的志愿填报,再到成为地铁驾驶员,都是父亲的安排。

工作两年后,他觉得地铁驾驶员的工作有倒班和夜班,上班很枯燥,也没有前途,甚至影响到他交女朋友。

他想辞职又不敢贸然辞职,怕浪费家人的一片苦心,也怕别人说自己不孝顺,更怕家庭为此陷入争吵。

他在纠结中情绪低落,长时间失眠,有时还会无缘无故对家人发脾气,表现躁狂甚至有攻击倾向。到医院被诊断为双相情感障碍,他自己痛苦,家人也很焦虑,于是找到我做心理咨询。

他就是典型的被家长以爱的名义"绑架"的孩子!

家长为他选择学业、安排工作,一切都是为了他好,一切都是为了孩子的未来。但他们没有想过孩子到底需要什么,这是孩子的未来还是他们的未来?家长成功混淆了自己和孩子的边界,成功欺骗了自己,但最终没有骗过逐渐觉醒的孩子!

被确诊为双相情感障碍后,这个大男孩情绪波动的频次越来越多,动不动就和家人吵架。

有一次,他的病情在父亲出差的第三天发作了,说需要爸爸回来陪伴他。当父亲说由于工作忙而要晚几天回去时,他在家里到处砸东西,还威胁说既然家人都不理他了,那他自杀算了。父亲无奈,被迫中断工作,当晚从北京返回深圳。

当他把这个插曲讲完时,我发现他的眼中闪过一丝狡黠。

这就是被"绑架"的孩子用抵抗的方式"绑架"家长。

孩子"绑架"家长的方式,就是生各种"病"或有不良行为。"病"一旦发作,或者不良行为一旦彰显,家长就束手就擒,言听计从。尝到甜头的孩子,开始"习得性受益",甚至变本加厉,而病情可能越来越重。

奔跑吧，爸妈
——心理学工作者的人格教育实践

"我的病不能好，如果好了，这个家就散了！"有一次，他透露了心声。

越位的家长，用爱的名义"绑架"了孩子。接着被"绑架"的孩子用抵抗的方式"绑架"家长，结果就是：越位的家长，自己"绑架"了自己。

作为家长，估计很难打破这样的僵局。我为孩子做了这么多，最后你还说我自作自受？

这是一个残忍的事实：越位的家长，结果是互相"绑架"、互相伤害。

家长超越了自己的边界，帮孩子做得太多，亲手剥夺了孩子成长的机会。孩子已经习惯了"被爱""被付出""被保护"，他们没有自己动手的能力，没有抵抗挫折的能力，没有适应社会的能力。他们就变得"习得性无助"，像温室里的花朵，像脖子上挂着饼却饿死的孩子。

这种情况在初二最严重，我称之为"初二现象"。

中考是学生的第一道坎，深圳的中学生能够考入高中的只有一半多一点，考入名校更难。

在中考之前，孩子从幼儿园到小学再到初中，都是按照地段就近入学，他们没有太大的压力，即使有压力也是家长买学区房的经济压力。

在幼儿园和小学阶段，大部分家长对孩子都是百依百顺，都是赏识教育。

一旦孩子进入初一，中考的压力就迎面而来，老师布置的功课也越来越多，家长也变得严厉起来。对自己宠爱有加的父母一去不复返，手机、平板电脑、电视和电脑游戏也变得遥不可及，难得和好朋友见面，玩耍时间减少，学习任务增多且难度加大……

突然的变化，让孩子可能不适应，青春期自我意识的觉醒加上沟通不善或

第一部分 人格教育理论

亲子关系不良，他们对此会有很多的解读：

爸爸、妈妈不再爱我了！

爸爸、妈妈不再相信我了！

爸爸、妈妈不再需要我了！

我在爸爸、妈妈眼中没有价值了……

孩子从天堂突然跌入地狱！

这就是"习得性无助"。

大部分的孩子都能通过"炼狱"的方式得到成长，也有部分孩子经过一年的冲突，还是无法适应这种变化，无法调整好自己的心态，那么就会出现若干问题：逃学、网瘾、校园暴力、人际不良、情绪不稳定……

在我们做过的心理咨询个案中，初二的学生占的比例最高，甚至部分已经休学在家。

我每次在外做家庭教育讲座，都会提醒家有初中就读的学生的家长，要特别关注"初二现象"。

和"初二现象"相似的是"二胎应激现象"。

"二胎应激现象"是指家长响应国家号召生育下一胎，独生子女对突然来临的弟弟或妹妹不适应，导致出现一些异常的行为。例如：

性格大变，突然变得沉默或躁狂；

突然没有上进心，变得无所事事，不进油盐；

喜欢和同学竞争，人际关系紧张。

…………

有一个小学二年级的学生，突然不想上学了。老师一问，他说："我在家里的地位都不保了，还上什么学？"

很多孩子不会如此坦白地表达二胎带给自己的应激，他们更多的是通过"习得性无助"的方式表现出来。

一对双方均是硕士文凭的夫妇找到我，说孩子从小学三年级开始注意力不集中，学习成绩下降很快。

我问："三年级前后，家里有没有发生一些特别的事情啊？"

家长："没有啊，一切都很正常，没有什么特别的事情发生啊！"

我说："经济、工作、感情、家庭关系等，都可能是影响孩子的因素。"

家长："哦，三年级那会，家里添了一个妹妹……"

后来，从孩子口中得知，自从妹妹出生后，爸爸、妈妈陪伴他的时间就越来越少，有时候还因为他吵醒妹妹而遭到训斥……

在家长看来，孩子的这些行为都很幼稚。他们没有意识到二胎给第一个孩子带来的影响，觉得当有了第二个孩子后，给第一个孩子的关注少了是很自然的，陪伴第一个孩子的时间少了也是很正常的。

如果"初二现象"再遇上"二胎应激现象"，家长更应注意孩子的心理变化和行为变化。

（四）抑制对孩子泛滥成灾的爱

有个朋友到北京出差，在夜深人静时她想起 10 个月大的孩子：孩子睡觉了没有？孩子过得好不好？妈妈不在，孩子习惯吗？

这是人的本能，我们很难遏制自己对孩子的爱，特别是母亲。但如果这种爱过多，就会泛滥成灾，反而害了孩子。

一个妈妈含辛茹苦地把儿子养大，儿子大学毕业后很快就有了工作。可是，他总是抱怨要早出晚归太辛苦了，工作任务繁重要加班，太累了。于是经常不到一个月就换一份工作，直到两年前儿子赋闲在家，心安理得成了"啃老族"。

对于妈妈的指责，他振振有词地说："你不能照顾我一辈子，为什么从小对我那么娇惯？"

所以，抑制对孩子泛滥的爱，也是智慧家长的必修课。

我们可以通过以下四个问题，觉察自己是不是一个越位的家长，对孩子的爱是否泛滥成灾，和孩子是否存在互相"绑架"的爱。

你觉得你的幸福和谁有关系？

到底是孩子离不开我，还是我离不开孩子？

如果我现在不在了，孩子还能否活下去，甚至幸福地活下去？

如果孩子现在不在了，我还能否活下去，甚至幸福地活下去？

学会抑制对孩子泛滥的爱，就是要学会放下，要培养孩子独立的能力。

奔跑吧,爸妈
——心理学工作者的人格教育实践

我做过一个实验,训练一个 6 个月大的婴儿自己拿奶瓶喝奶。

刚开始他不熟练,奶瓶抓不稳会掉下来,甚至砸在自己脸上。估计这时候就有家长会说孩子不会自己抓奶瓶或者害怕孩子受伤而停止训练。爱心泛滥的母亲,可能还会批评我虐待孩子。

我只坚持训练了一个星期,婴儿慢慢地能自己拿着 60 毫升的奶瓶喝奶。一个月后,他已经可以熟练地单手抓握奶瓶。

如果家长足够细心,就会发现训练的秘诀:

如果你是拿着奶瓶先把奶嘴塞到他的嘴里,那么他喝奶的时候就不会再接你递过来的奶瓶。

如果是把奶瓶先塞到他的手里,然后帮助他把奶嘴塞到嘴里时,他就会自己老老实实地拿着奶瓶喝奶。

家长放手了,孩子就成长了!这是我做训练时最大的感受。

家长能够给孩子的,只有培养他独立的能力。独立是人格中最重要的内容,会影响人的一生。

所以,请家长放开孩子,培养他们独立的能力,让他们去接受人生的考验。

如果家长已经越位,也请不要用"断崖式断乳"的方式,中止对孩子的爱,否则会从一个极端到另外一个极端,出现"初二现象"或"二胎应激现象"。

最后,家长也要放开自己,让自己独立起来。

越位的家长,通常把孩子放在家庭中的第一位。他们围着孩子转,把自己幸福的希望寄托在孩子身上。殊不知，他们这样做，却迷失了自己。

当孩子跌倒时，本应自己爬起来，那是他自己的事。家长看了心痛，立刻过去扶起来。孩子的边界在家长越位的疼爱中逐渐变得模糊和缺失。

孩子长大后，有能力独自上学，却因为界限模糊和缺失，他们仍然认为上学是家长的事。于是，家长们背着孩子的书包，早送晚接，风雨无阻。

孩子成年后，独立意识开始强化，他们一边大声宣告"恋爱婚姻是我的事"，一边把自己找工作、买房当成是家长的事。家长觉得"你找工作是我的事，你买房是我的事，你的恋爱婚姻也是我的事"。于是，家长和孩子都感受到了冲突的痛苦。

这种冲突的痛苦，是由于家长和孩子缺乏边界感，从家长越位的爱开始的。

所以，请家长抑制住自己泛滥成灾的爱，否则会"淹死"孩子。

四、错位的边界：错位的家长与强势的母亲

（一）错位的边界

错位，指离开原来的或应有的位置，在家庭教育模式中，通常指父亲和母亲的角色与责任不清，甚至颠倒。

中国常见的家庭错位，是强势的母亲。

在家庭结构中，父亲和母亲由于历史、文化等因素的影响，其承担的角色和责任是不同的。从性别认同和互补性的角度，我个人更倾向于"严父慈母"的角色分工，即在教育子女时，父亲要严厉，扮红脸，母亲要慈爱，唱白脸。

把孩子的教育责任推卸给隔代的老人家、老师和各类培训机构，也是一种广义上的错位。

（二）"严父"与"慈母"

"子不教，父之过"，家庭教育是父亲非常重要的职责，但现实中缺席的父亲比比皆是，由于父爱的缺失导致家庭教育问题也时有发生。

所谓"慈父"，表面上是一个慈祥的父亲，实际上是他们把家庭教育的重担交给了母亲，自己在旁边充当"老好人""甩手掌柜"。

所以我们提倡"严父",即父亲在孩子面前保持威严,让孩子有敬畏之心。"严父"并不是信奉棍棒教育,遇到问题用简单粗暴的方式解决的父亲。

"慈母",是慈爱的母亲,是平和的母亲,不是宠溺孩子的母亲,否则会演变为"自古慈母多败儿"。

具体来说,有女儿的家庭,母亲要更多地参与到女儿的教育中,母亲要成为女儿的好"闺蜜";有儿子的家庭,父亲则要更多地参与到儿子的教育中,父亲要成为儿子的好"兄弟"或好"哥们"。

一个情绪平和的母亲,是孩子最大的幸运。

的确,母亲的性格与脾气,会直接影响到孩子的心理发育。母亲性格温和,孩子性情也趋于平和,内心世界稳定。如果母亲性格暴躁、喜怒无常,孩子也心浮气躁,遇事情绪化,做事容易诸多不顺。

动画片《小猪佩奇》中的猪妈妈,就是一个平和的母亲:她从来不大声讲话,永远和颜悦色,不慌不忙,就算不高兴也是一小会儿就好了。

我感谢我的母亲,她是一个普通的农妇,没有读过书,却与人为善,即使家境非常困难时也保持着笑容,鼓励5个孩子。长大后不一定成才的我们回顾以前那段逆境都非常感恩母亲,认为母亲身上那种处事不惊的平和的力量,让我们走到了现在。

与"严父""慈母"相违背的,就是"错位的家长",常见的就是不作为的"慈父"和强势的"严母"。一般来说,"严父"对应的是"慈母","慈父"对应的是"严母",偶尔会出现父母同时"严"或"慈"的情况。

我每年都接到20例左右孩子因为各种原因厌学甚至休学的个案,其中

80%都是男生。在家庭心理咨询过程中,我惊讶地发现这些男生都有一个共同的特征,就是他们的父亲都是"慈父"类型。

2016年,我们在深圳市某区开展校园心理健康建设项目,对在学习困难(多动、注意力不集中等)、人际关系不良(具有攻击倾向、缺乏好朋友等)、情绪管理不良(易怒)、亲子关系不良(关系冷漠、紧张等)、自信心缺乏(缺乏力量感、说话声音小、弯腰驼背、目光躲闪等)等方面需要提升的学生进行心理辅导。名单里的95个学生中,男学生占96%,但前来的家长中父亲仅占5%,见表1-3。

表1-3 2016年深圳市校园 EAP 项目中男女生比例及其父母参与比例(部分采样数据)

项目	参加咨询的学生		参加咨询的家长	
	男生	女生	父亲	母亲
人数/人	91	4	5	90
比例	96%	4%	5%	95%

有一次家长的团体辅导,20个母亲喋喋不休地说着孩子的问题,最后还不停地问我,她们该怎么办?

我只能告诉她们:你们的家庭角色错位了。如果父亲不参与家庭教育,孩子的问题很难解决!

男孩天生就比女孩冲动,喜欢冒险,更具攻击性。

在城市里,男孩们冒险和探险的机会越来越少,天性容易被扼杀。

要想把儿子培养成一个真正的男子汉,母亲就不能按照女性的原则标准要求儿子,就要忍受他在沙发上狂奔乱跳,忍受他拆掉你的手提电脑,忍受他登高爬低……

从儿子 3 岁开始,母亲就应自觉"退位",让父亲登上儿子的内心舞台,成为儿子的榜样,让儿子模仿父亲如何成为一个男人。

如果母亲还霸占着这个位置,在家表现得强势,而父亲却"俯首称臣",没有话语权,那么,儿子从父亲身上学习到的就是一个唯唯诺诺的男人角色。这样的男孩,身上缺少阳刚之气。

这个现象已经引起教育工作者的重视,全国各地发起了不同形式的"拯救男子汉气概"的活动,如设立计算机修理、武术、跆拳道等课程。

(三)强势的母亲

强势的母亲,会有很大的概率培养出一个唯唯诺诺的男孩或女孩,并造成孩子婚姻的不幸福。

因为有一个强势的母亲,她的孩子会比较压抑,内心有个长不大的小孩。

在我编写的第一本书《孩子去哪儿》中,提到过一个母亲,就是典型的强势的母亲。她站在阳台对女儿说:"如果你敢辞职,我就从阳台上跳下去!"

就是这位母亲,经常给女儿出谋划策,包括什么时候生孩子,在香港生还是在深圳生,在哪个医院生,孩子到哪个幼儿园读书,孩子先学粤语还是普通话……

如果仅仅是建议,这是没有问题的。但这位母亲不仅仅满足于建议,当女儿不执行她的建议时,她会通过歇斯底里的方式进行威胁,如跳楼、放煤气。

奔跑吧，爸妈
——心理学工作者的人格教育实践

她的女儿经常对母亲的干涉感到不满，但作为孝顺的女儿，又不敢过于违背，因此感到痛苦。

中国青年报社 2016 年的一项调查显示，64.2% 的受访者反映身边普遍存在"咆哮妈妈"，而 61.3% 的受访者直言妈妈"咆哮式"教育对自己的负面影响大。

而"咆哮妈妈"也是强势的母亲的范围。她们通过咆哮的方式，释放自己的情绪，威胁和控制孩子。

强势的母亲，会干涉孩子长大后组成的家庭生活，给孩子的家庭带来了无尽的风波。

强势的母亲，会给孩子身上绑上一颗定时炸弹，不知道什么时候会爆炸，有多少人会粉身碎骨。

一个朋友的侄女，芳龄 20，是一个身高 1.78 米的美女，某天半夜三点跳楼自杀身亡。

朋友问我，她现在应该做什么？

还能做什么？

我可以用心理危机干预的专业知识告诉她：尽量安抚家长的情绪，并智慧地向还在上小学三年级的儿子解释事件……

但是，这能挽回一条鲜活的生命吗？

考两次托福没有过的她，在第三次考托福前一晚选择了跳楼。

书桌上只有一句遗言：我和父母欺骗了整个世界！

到底是谁欺骗了整个世界？

是她的母亲吗？她母亲是医院的护士，也算是有文化之人，但性格有点偏执，她决定的事情没有人能阻止，连亲戚都不敢太靠近她。

是她的父亲吗？她父亲有过精神病史，目前生活都不太利索。

是她自己吗？她对母亲言听计从，没有任何的反抗，也没有跟任何人提起过她的不开心。

悲剧发生后，周围的人都觉得是母亲太逼迫孩子，给了孩子很大的压力。

但是，我们能责怪这位母亲吗？

她有一个患精神疾病的丈夫，有两个孩子需要抚养，家庭的重担都在她的身上！

或许，家庭的压力和丈夫的无能，造就了这个强势的母亲。也正是这个强势的母亲，扛起了整个家庭的重担，还想方设法让女儿出国。

无论如何，这是一个彻头彻尾的生命不能承受之重的悲剧，其特征是：父爱的缺失＋强势的母亲＋过于柔弱的孩子＋外部挫折。

如果按照这样的剧本特征发展，单亲母亲非常容易成为强势的母亲。

母亲在离婚前后，都有一些顽强的信念：

我已经不幸福了，我不能让我的孩子重蹈覆辙！

丈夫已经抛弃我了，这个世界我唯有孩子，我不能让孩子也离开我！

没有人可以依靠，我要靠我自己，否则孩子会更加没有依靠！

正是有这样的信念，她们成了强势的母亲，才逐渐走出离婚的阴影，扛下生活的重担。

也正是因为有这样的信念，她们把自己和孩子捆绑在一起，把自己的幸福和孩子的幸福捆绑在一起,不分彼此。

面对强势的母亲,我通常会问:

你把孩子和你绑在一起,孩子会感觉到舒服吗?

孩子背负你这么多期望,负重的孩子会走得更远吗?

如果你都过得不幸福,你的孩子会幸福吗?

(四)人生如戏,全靠演技

从某种意义上来说,人格就是面具,我们要在不同的场合、不同的时间,面对不同的人带上不同的面具。这不是人格分裂,而是人格完善。

人格完善的人,有很多面具,而且能够主动区分环境来自动切换面具,如同川剧的变脸。

家庭角色发生错位,是由于家长的人格面具出现了问题,简单来说就是戴错了面具。

人生如戏,全靠演技,不要戴错面具。

1. 性格面具

有些家长,强势或弱势,是由从小到大形成的性格所决定的。内向的人,让他们讲十分钟就已经断片了;外向的人,你不让他们讲,比"杀"了他们还让他们难受。

他们的个性,很大程度上受从小长大的家庭的影响,这就是原生家庭对新生家庭的影响,翟东琳老师在《爱在我家》中有详细描述。

他们收藏的面具非常少，只有强势或弱势，更不用谈如何切换面具了。

2. 职业面具

我们提及的强势的母亲，并不是反对女性的强势，而是反对她们把工作上、社会上强势的面具，不自觉地带回家庭中，强势地对待自己的孩子或配偶。

强势的母亲容易严格要求孩子，把自己的标准套在孩子身上，自己能完成的事情也要求孩子完成。

学校的教师、企业单位的中高层，这两个群体成为强势的母亲的可能性比较大。她们回家后很容易忘记切换面具，把职业面具带回家中。

任职企业单位的中高层的女性，回家后把丈夫和儿子当作单位的下属颐指气使，追求一切都尽在掌握的感觉，从而变成一个强势的母亲。

学校的老师也很容易把学校里的作风带回家庭中，会把孩子当作自己班级的学生一样对待，并与班级中某一方面最优秀的学生进行比较，严格要求，从而变成一个强势的母亲。

结果可想而知，自己的孩子在对比之下，不可能每一项都做得很好。越比较，孩子就越不自信，和母亲的关系也越疏远。这时，母亲和孩子的亲子关系，不知不觉变成了学校的师生关系，而没有了那份柔软的亲情。

越是优秀的老师，在盛名之下，可能对孩子的要求越严厉，导致孩子的压力更大，造成名不副实。

无论在外面多么优秀、多么呼风唤雨、多么强势，请记住：你回到家，在孩子面前，你只是一个普通的母亲或平凡的父亲，一个有爱的家长。

同样，作为家庭教育专家和资深的心理咨询师，我经常被问道：

"你是心理咨询师，那你肯定没有什么烦恼！"

"你是家庭教育专家，你的孩子肯定很厉害！"

在回答问题前，我都会给提问的人讲一个故事。

镇上有一个人，内心痛苦不已，于是他去找神父开解。

神父说："这有什么大不了啊，你去镇上看下马戏团的小丑，马上就开心了！"

那人心里说："我就是镇上马戏团的那个小丑啊！"

我就是那个镇上马戏团的小丑，我们每一个人都是镇上马戏团的小丑。

小丑是我的职业，除此之外，我还有我的生活。

我是心理咨询师，但在生活中，我只是一个普通的人，也会有自己的烦恼。

我是一名家庭教育专家，但在孩子面前，我只是一名父亲，也会面临孩子的挑战。

但有些家长无法把职业和生活分开，把小丑的面具带回家中，于是发生家庭教育中的错位。

职场遵从弱肉强食的丛林法则，能够在职场有所成就的人，一般都比较强势。他们在职场春风得意、受人敬仰，希望在家里也一样。于是，他们把家庭当作企业、单位、部门来看待，把孩子当作下属来看待。命令代替了温情，镇压代替了协商，任务代替了成长……

强势的家长，本质具有完美主义倾向，他们不接受家庭或孩子的不完美，他们不懂得区分职业与生活。

"医生也会生病?"

"婚姻咨询师是离婚的?"

"讲亲密关系课程的老师是单身的?"

"你是家庭教育专家,为什么不加入家委会?"

…………

这些问题很幼稚,但还是有很多人会情不自禁地想起,因为他们不愿承认自己就是小镇里马戏团的那个小丑:虽然自己的职业带给很多人欢乐,自己也很有成就感,但我们的生活还是有很多烦恼的。

承认自己是小丑的过程,就是接纳的过程,接纳他人,也接纳自己,接纳他人的不完美,也接纳自己的不完美。

3. 职责面具

有些家长,个性不是如此,他们也知道回到家需要切换面具。但由于家庭的关系和职责发生变化,他们戴错了面具。

如前所言,父亲的缺席,母亲看没有人管孩子,就义无反顾地填补上去了,这是一种补位补成错位的无奈。在和孩子斗智斗勇的过程中,有些母亲就戴上了强势的面具,特别是面对男孩时,母亲觉得自己更应该理直气壮,更应该强势,否则镇不住场。

(五)强势母亲的修炼秘诀

我有一个朋友,认识她的人都很佩服她,不只因为她是职场上标准的女强人,更因为她家庭幸福。

有一次她透露了自己的秘诀:装笨+赞美。

"乖儿子,妈妈比较健忘,出门的时候你提醒妈妈拿钥匙,好不好?"

"老公,我不会换灯泡,你有空就换灯泡,好不好?"

"儿子,你想到的办法比妈妈的好多了,你是怎么想出来的,你好厉害哦!"

"老公,你洗的碗真干净,你肯定付出了很多的努力。老公,我爱死你了!"

…………

这就是她的"装笨+赞美"的秘诀,是不是非常简单?

简单,但不是所有人都能做到,因为装笨需要把自己的心态放得很低。

当强势的母亲用仰望的眼神看着自己的丈夫和孩子,就会发现丈夫和孩子全身都是优点,自己全身也都是惊喜和正能量。

世界不缺乏美,只缺乏发现美的眼睛。

这和强势的家长站在道德和知识的高点,对孩子进行评判,角度完全不一样,效果也完全不一样。

我们讲师团中的袁春红老师,曾经在微课堂讲过《示弱效益在家庭教育中的运用》,其中的示弱和案例中的装笨有异曲同工之妙。

装笨,但我们并不傻。

示弱,让我们输给了孩子,却赢得了孩子!

有个家长来找我,说学校的老师总是投诉儿子,而围棋兴趣班的老师总是说孩子表现得非常好。他不明白孩子为什么会有如此大的区别。

经过访谈和观察,我发现了一个奥秘:围棋课老师在四十分钟的课程中,每八分钟就表扬一次孩子。

"表扬,坐得很端正。"

"表扬,及时停止说话。"

"表扬,这步棋子下得很妙。"

……

是的,就像家庭教育专家何胜昔博士所说:如果有一样东西是家长欠孩子的,那肯定是一万个肯定!

强势的家长,总是严格要求孩子,肯定和赞美孩子的话,总是很难从他们口中说出。

强势的家长,须懂得停止自己内心观点的灌输,学会倾听孩子的观点和感受。

强势的家长,须把家庭的聚光灯放在你希望改变的那个人的头上,像仰望星辰或偶像般,真诚地说出你的赞美之词。

五、从孩子的世界路过

（一）缺位、越位与错位的关系

2016年，某留学生在国外遇害，其母亲对媒体的陈述套路是：自己是如何辛苦养大女儿，女儿是如何优秀和懂事，接着就是崩溃的哭诉——

你就这样撇下我们，让我们如何活下去啊？

我们还有活下去的勇气和理由吗？

这么多年，你一直是我们活下去的唯一的精神支柱。

现在，我感觉天都塌下来了。

…………

在惋惜中，我依稀看到了一个在缺少父爱的家庭中，强势的外表隐藏着内心焦虑的母亲，以及被爱绑架的母女关系。

父亲的缺位，产生了焦虑的母亲。焦虑的母亲容易成为越位的母亲。

越位的母亲发展到极端就会成为强势的母亲，而越位的母亲和强势的母亲，也会进一步强化父亲的缺位。

它们三者之间的关系，相辅相成又有着动态变化。

基于现状，我们更多地呼吁父亲的参与。

父亲更多地回归家庭，母亲适当降低焦虑的情绪。

可能社会发展到某个阶段后，母亲在社会上奋斗而父亲在家焦虑地教育孩子。

那时，我们就会倡导母亲回归家庭教育，父亲适当降低焦虑的情绪。

（二）"蓝背带"行动的背后

有感于大部分家庭教育问题的解决钥匙是在父亲身上，2016年我联合志同道合的心理学工作者和家长，发起了一个"蓝背带"行动，旨在鼓励父亲参与家庭教育，发挥父爱的光芒。

"蓝背带"行动的具体内容是：父亲一个月中至少要独立陪伴孩子一天。

在这一天中，父亲要独立面对孩子，掌握带孩子的技能并学会和孩子愉快地相处。

有可能父亲说我不行、我不会。

但没有人生下来就会。母亲也是在不断地摸索中才积累了经验。

所以，请父亲不用找这个借口。

或许父亲说我没有时间。

是的，作为可能的家庭经济支柱，你很忙。

但是，我们只是要求你一个月中只用一天单独陪伴孩子，这个要求应该不过分。

我们鼓励父亲带孩子到户外去，这样才能最大地发挥父亲的功能。

同时，我们不鼓励母亲陪伴在身边。母亲要学会对孩子放手，更要学会对丈夫放手。

奔跑吧，爸妈
——心理学工作者的人格教育实践

有些母亲不在孩子身边，就会变得焦虑。

有个父亲要带7个月的小儿子回老家，因为老家的亲戚都还没有见过小儿子。

母亲说："孩子这么小，回去的路途这么远，他能够适应吗？"

父亲说："他在车上睡一觉就到了。"

母亲说："他回去能适应吗？你会带孩子吗？"

……

母亲有分离焦虑，想方设法阻止父亲独立带孩子，也会逐渐培养出一个缺位孩子教育的父亲。

所以，"蓝背带"行动不仅仅是父亲的成长，也是孩子的成长，更是母亲自己的成长。

（三）从孩子的世界路过

看着在床上熟睡的两个儿子，我翻来覆去地睡不着。

是感慨什么吗？

是因为刚上小学一年级的大儿子经常捣蛋而收到班主任的投诉吗？

还是因为不满一岁的小儿子的肚脐左边的手术疤痕而想起生死攸关的那一刻？

或是3年前一条小生命在我的手中像沙一样流逝？

孩子是我们生命中的一个过客，我们也是孩子生命中的一个过客。

智慧的家长，应该懂得如何和孩子建立良好的亲子关系，又懂得在何时淡出孩子的生活！

无论发生什么事情，我们希望每一个人都能独立而坚强地走下去！

我们依然可以通过思考自己是不是一个"越位"的家长的 4 个问题，继续拷问自己是否人格独立：

你觉得你的幸福和谁有关系？

到底是孩子离不开我，还是我离不开孩子？

如果我现在不在了，孩子还能否活下去，甚至幸福地活下去？

如果孩子现在不在了，我还能否活下去，甚至幸福地活下去？

这是我们建立边界与完善人格的最终目标，不是所有人都能直面如此残酷的问题。

但这不妨碍我们以终为始，在和孩子建立关系的时候就考虑：

我们要与孩子建立怎样的关系与边界，如何培养孩子独立的人格？

因为，无边界，不父母！

结束语

用台湾作家龙应台的一段话作为结束语,送给所有在成长路上的家长们:

"所谓父子母女一场,只不过意味着,你和他们的缘分就是今生今世不断地目送着他们的背影渐行渐远,你站在小路的这一端,看着他逐渐消失在小路转弯的地方,而且他用背影告诉你,不必追。渐行渐远的父母,不要越来越远。父母不能陪你一辈子,但或许你能陪他们走完一辈子。"

第一部分
人格教育理论

爱在我家
——用萨提亚模式探索原生家庭对个人成长的影响

翟东琳

作者简介

翟东琳 加拿大皇家大学 MBA 工商管理硕士、中国科学院心理研究所应用心理学研究生、国家二级心理咨询师、萨提亚模式转化式系统治疗专业认证、美国注册正面管教家长/学校讲师、国际鼓励咨询师、家庭教育指导师、企业 EAP 执行师。

十余年外资企业人力资源及行政管理工作经验,对心理学在人力资源管理工作中的运用有一定理解和实践。

专业方向聚焦于家庭治疗方向,在萨提亚家庭转化式治疗的流派有着专业的深入学习。师从林沈明莹博士、琳达·卢卡斯博士、玛莉亚·葛莫利博士以及约翰·贝曼博士。曾多次为国内外导师担任专业课程助教。近年师从加拿大玛德琳博士并将萨提亚模式运用在沙盘中,为孩子和成年人在安全的氛围和沙盘的隐喻中进行心理治疗。个案累积时长近 800 个小时。

熟悉基于阿德勒个体心理学为理论基础的正面管教的课程体系,为幼儿园、学校、社区、企业等机构提供近百场公益讲座,并多次与国际导师合作培训讲师。

参加心理学其他流派/体系的学习,例如,精神分析、行为认知、人本主义、欧文·亚隆团体、结构派家庭治疗等以拓宽专业知识储备。

结合多年的学习与工作实践,研发出"魔法父母"等系列家庭教育课程,深受学员喜爱。

第一部分

人格教育理论

 一、理解原生家庭对人的影响

我曾经爱读张爱玲的小说。书中描述的大多是旧时代一些功能不全的家庭中所发生的故事,父子反目、母女不和、姐妹生隙、同胞相煎等等。总能感受到被一股沉重且灰色的气氛笼罩,有压抑,有悲凉,道尽人情冷漠与刻薄。而她本人的人生历程也如同她曾在17岁时写下的那句名言——生命是一袭华美的衣袍,爬满了虱子。

看过了电影《滚滚红尘》,以及后来读了她的一些生平记录,才理解她文字中的苍凉和悲哀,皆源于其童年的经历。在《历史不忍细看》一书中曾这样记录她的童年生活:"张爱玲出身于贵族之家,父亲是一个封建遗少,性格乖戾暴虐,抽鸦片,娶姨太太,母亲是曾经出洋留学的新式女子,父母长期不和,终于离异。后来父亲续娶,张爱玲与父亲、继母关系更为紧张。有一次,张爱玲擅自到生母家住了几天,回来竟遭到继母的责打,然而继母诬陷张爱玲打她,父亲发疯似的毒打张爱玲,'我觉得我的头偏到这一边,又偏到那一边,无数次,耳朵也震聋了。我坐在地上,躺在地上了,他还揪住我的头发一阵踢'。然后父亲把张爱玲关在一间空屋里好几个月,由巡警看管,得了严重痢疾,父亲也不给她请医生,不给买药,一直病了半年,差点死了。她想,'死了就在园子里埋了',也不会有人知道。在禁闭中,她每天听着嗡嗡的日军飞机声,'希望有个炸弹掉在我们家,就同他们死在一起我也愿意'。"

一位生于当时豪门的女子,被众人称为天才,但她一路的人生,都让人感到唏嘘和心疼。可见人在早年原生家庭中的经历,影响着之后的整个人生。每个人都有着各自的人生际遇,而对于从小生活的家庭也都各自有着自己的经历与回忆。不管是欢乐的还是痛苦的,我们始终都能感受到家与我们的关系密不可分。

我们将一个人从出生后与父母一起生活并长大的那个家庭,称之为原生家庭。美国著名的"家庭治疗大师"维吉尼亚·萨提亚女士认为,"一个人和他的原生家庭有着千丝万缕的联系,而这种联系有可能影响他的一生"。这些影响包括,长大后是如何看待自己、他人和这个世界的,拥有怎样的价值观;在压力状况下是如何应对的,当有了强烈的情绪感受时是如何处理的;甚至成年后如何选择伴侣,如何与伴侣相处;如何经营自己的新家庭,塑造新的下一代。

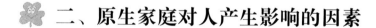 二、原生家庭对人产生影响的因素

有人说,"幸福的家庭都是相似的,不幸的家庭各有各的不幸"(列夫·托尔斯泰)。我们一起来描绘一下幸福的家庭是怎样的一幅画面。

在幸福的家庭中,每一位成员都能感受到真诚和爱的流动,彼此关注,相互关爱。他们热爱生活,珍视自己也彼此尊重,保持家中整洁的环境,拥有愉悦的心情,大家可以自由倾诉,愿意为他人着想;彼此之间可以敞开地交流,分享各自的感受,就算是有不同的意见也是被允许表达的。犯错误时不用紧张,因为他们将犯错误当作是学习的机会,大家都能感受到自己是安全的,是被接纳的。

幸福的家庭充满活力,大家身心健康、表情放松、语言轻松、语调柔和,共同分担家庭里的各种家务,并且在付出的过程中体验到自己是有价值的;成员之间彼此尊重、互相友好而坦诚,家长不将自己放在高高在上的位置,会耐心地保持自己和孩子目光的平视并言行一致。

幸福的家庭里,家庭成员们共同约定并遵守规则,这些规则不是一成不变的,而是可以有弹性和被调整的。他们之间彼此合作,对个人、家庭和社会都负起责任。在这样的家庭中,家庭成员可以体验到思想、感受和身体的一致,面对问题拥有更多的解决方案,发展出较高的自我价值。大家的沟通方式是坦

奔跑吧，爸妈
——心理学工作者的人格教育实践

诚、直接、清晰而明确的，规则是人性化的，与家庭以外的其他人建立联系的方式是真诚、开放而友善的。

既然我们都希望看到幸福家庭的模样，那我们就花些时间来探索一下是哪些因素阻碍了我们收获幸福。

媛媛（化名）是我的一位来访者，我们第一次见面时，她即将要步入婚姻。作为一名准新娘，她并没有我所想象的那样充满兴奋与憧憬，而是淡淡的忧伤后面透出一些焦虑。

在与媛媛咨询的过程中，我了解到在她童年时期父母关系的不和谐。她描述自己上小学时，有一次父母毫无遮拦地在她眼前发生了一场非常激烈的肢体冲突。作为一个小女孩目睹着眼前发生的一切，她感到无比的恐惧、紧张、无助和愤怒。在回忆这一段经历的过程中，她的情绪难以控制，那些压抑在身体中十多年的各种交杂在一起的复杂情绪随着她的泪水都涌了出来。媛媛总觉得是自己不够好才让父母不和，每当父母争吵的时候，她会选择将自己关在房间里。大学毕业以后，她去了一个离家很远的地方工作。在外人面前她不愿意多说话，不论是学习还是工作，都对自己有很高的要求。她选择相信自己是不被爱的、不够好的，如果要得到关注，就要很努力，做到比别人更优秀，否则是没有价值的。

媛媛希望自己有一个温暖的家，同时也很害怕自己会和另一半在婚姻中发生冲突。每次想起父母发生冲突的场景，她就会感到胸口很堵。因为缺失一份有温度的爱的连接，媛媛常常会把自己包裹起来、屏蔽起来，避免去触碰内心感到悲伤和恐惧的部分。

我和媛媛在"究竟是什么阻碍了你获得幸福"这个问题上做了深入的分析。她的意识一层层地被激活，当她的记忆画面不再只是灰色的，也有温暖的色彩和芬芳的时候，她体验到自己的生命存在的价值和懂得欣赏镜子中自己的美好。她能感受父母当年对自己的爱，能接受他们当年的能力也是有限的。作为一个生命的个体，他们也有着自己的喜怒哀乐以及生活带给他们的压力和无奈。她开始愿意尝试去相信已经长大了的自己是安全的，是值得被爱的，其实她并不需要去特别做出一些事情来得到他人的认可，存在于这个世界本身就是有价值的。她可以选择一些新的观点来看待自己、看待生命，放下对他人的防备。那些曾经束缚过她的规条，已经不再适用于现在了，她可以拿回属于自己的生命主权，选择去松动和改变那些规条和信念。

媛媛开始尝试不再用封闭自己的方式来保护自己，而是让自己更加敞开心扉，主动尝试去联系和关心身边的人，将真实的感受和想法表达出来。我们最后一次见面的时候，她送给我一包喜糖。我也衷心地祝福她，并相信她也有能力帮助自己慢慢成熟，将幸福牢牢握在自己的手中。

有时我们对父母当年所做的事情会有抱怨，将原生家庭当成自己可以不负责任的理由。即便媛媛的父母当年的行为令她产生不安全感，但也绝非是故意的，毕竟父母也是普通人，他们有自己的限制，并且我相信绝大部分的父母在当年也是尽其所能来养育自己的孩子。只是透过个案，希望能帮助我们来探索一个人的原生家庭是如何影响其成长的，以及影响的因素有哪些。

根据萨提亚家庭治疗的相关理论，我们将影响的因素概括为以下四个部分：

(1) 自我价值；

(2) 沟通的模式；

(3) 家庭规则；

(4) 互动的要素。

（一）自我价值

这里我们提到的自我价值是指一个人如何评估自己的能力，是否能够客观地看待自己、尊重自己，无论对自己还是对他人都能保持一个开放和接纳的态度，并且总能看到新的可能性。

有一个故事讲的是一头出生在马戏团里的小象。马戏团的工作人员将它的腿拴上一条铁链，并将铁链的另一头系在铁杆上。小象用力想要挣脱，但是结果是徒劳的，无奈的它只好在铁链范围内活动，小象尝试过很多次想挣脱铁链，无果。它只好继续在铁链范围内活动……一次又一次失败的尝试，让小象相信自己没有能力挣脱铁链。慢慢地小象长大了，它的力量足以挣断那根铁链。可是，在它眼里，这根铁链是牢不可破的。这根现实中的铁链在它的心中，已经成了一条无形的大铁链，限制了它看清楚自己真正的价值。每个人出生的时候，都具有无限的可能性，就像是一颗璀璨的钻石。只是不知道因为何种原因，长大以后就认为自己没有能力，不值得被爱，失去了勇气和激情，失去了自信，也失去了快乐。就好像那块璀璨的钻石被蒙上了灰土，无法释放本来的光芒。

第一部分
人格教育理论

一个人拥有较高的自我价值，与其是否成功，是否拥有高智商，是否出身高贵以及是否拥有财富无关。高自我价值是一种状态，是自信的、真诚的、勇敢的，是充满活力的、满怀爱心的。他们举止得体，拥有良好的人际关系，受他人欢迎。他们珍视自己也重视他人，面对现实，保持健康快乐和高效负责的生活态度。正直、诚实、有责任感、有同情心、博爱和能力出众的品质在一个高自尊的人身上都能得到充分的体现。相反，一个自我价值不高的人则常常会讨厌自己、贬低自己。他们胆小、懦弱、充满恐惧，他们总担心他人如何看待自己，认为自己无能，有时候更加愿意让自己待在一个受害者的角色中，抱怨和责怪他人。他们总希望从他人那里得到认可来证明自己的价值，所以，当自己被拒绝的时候就认为自己是不被爱的，是无能的。有时候他们甚至会做出一些伤害自己的行为，不懂得爱惜自己，放弃自己的主权，要别人来为他负责任。

维吉尼亚·萨提亚女士曾经提道："我们应该认识到自己的价值，相信世界因我们的存在而更加美好。我们要对自己的能力有信心，可以向别人寻求帮助，但在该做决定时也要足够果断，相信自己就是我们最宝贵的财富。在自我欣赏的同时，我们也应该看到别人身上的闪光点，要尊重他人的价值。我们要在人与人之间播撒信任和希望的种子。我们不需要用规则来对抗我们的感受，也不用总是根据感觉来做事。我们可以做出自己的判断和选择，是智慧在指引着我们的行为，欣然接受人性带给我们的一切吧！"

刚刚出生的婴儿什么都不用做，就让你可以无条件地去接纳他们，因为他们本身就是完美的。婴儿的笑容可以让你感受到最甜蜜的爱的流淌，愿意去靠近他们，去爱他们。婴儿没有自我的意识，就是一张白纸，他们对自己的认知和自我价值的衡量取决于他人对待他们的方式，例如，当他们哭的时候有没有人来抱他们，来抱他们的人是怎样的表情，是面带微笑的，还是面无表情的，拥抱他们的方式是否舒服，那个人看他们的眼神是怎样的，温和的还是不耐烦的。

慢慢地，孩子们长大一些了，他们被要求去听大人的话，而当大人的话与他们的想法不一致时，他们会怀疑自己是否得到了尊重；若不听大人的话会引起他们内心的一些恐惧，这些又让他们怀疑自己是否安全；如果感到不安全，孩子们便会做出一些行为来保护自己。他们所做的事情是被指责还是被理解的，是否能及时得到大人们的鼓励和肯定；他们提出来的要求是否被关注，是否被重视；他们的想法是否能引发大人们的兴趣；他们的感受是被理解、被接纳还是被忽略、被否定。这些都会影响孩子建立自信和体验自我的存在与价值，以及形成如何看待自己的观点和信念。

一个孩子的自我价值的形成，与他们的安全感建立有很大的关系，而安全感又来自他们生命最初几年是否得到了无条件的爱与足够的关注。成年人是帮助孩子建立高自我价值的榜样，我们常常说言传身教，身教大于言教。如果家长本身拥有高的自我价值，他们就能示范给孩子，并指导孩子培养出高自尊。但是，有些家长也许还带有自己成长过程中所遗留的伤痛，还没有完全具备高自我价值，他们需要给自己多一些时间和耐心，看见自己可以成长的部分，满足自己的渴望，敢于做一些新的尝试和努力做出改变，这样就可以发展出一些新的能力和新的可能性，从而体验到自我的价值。

（二）沟通的模式

沟通是人与人之间建立联系的桥梁。在沟通的过程中，我们会看到起作用的部分包括语言内容、语音语调和肢体动作。其中，肢体动作在整个沟通过程中所占的比例达到了55%。也就是说在沟通过程中，非语言的部分与语言的部分共同在传递信息，如果语言的部分和非语言的部分传达的信息是相左的，那就给对方带来了双重信息。

比如说，朋友推荐你去看一部电影，看完之后她问你是否喜欢，你嘴里说着喜欢，但面部表情却是特别的尴尬甚至是皱着眉头的。她是相信你嘴里说的，还是相信你面部表情所传递出来的信息呢？而当她得到了两种不同的讯息，接下来你们的谈话会如何进行？这样的谈话也许会给你们的关系带来一些负面影响。

萨提亚女士在多年的咨询与治疗过程中，看到人与人之间的非语言沟通，特别是在有压力的状况下，人们的非语言沟通普遍会有四种不健康的应对模式，这四种模式被称之为讨好、指责、超理智和打岔。在沟通过程中出现这四种应对模式皆源于较低的自我价值。家庭沟通的形式其实反映了家庭成员各自的自尊程度。很明显，沟通是一个多方传递的过程，涉及了自己、他人以及情境三方面的因素。健康的沟通是这三个方面取得的一致性，是一种高自尊的回应方式，见表2-1。

表2-1　沟通的模式

讨好	
身体的姿态是单膝跪地，向上伸出一只手给予，另一只手则紧紧捂住胸口。这一姿势向人们表明："我愿意为你做任何事情。"使用这种应对姿态的人常常忽略自己，言语中经常流露出"这都是我的错""只要你高兴，我怎样都可以"之类的话。行为上则过度和善，习惯于道歉和乞怜，以牺牲自我价值为代价。他们总会以恳求的声音、表情以及虚弱的身体姿势来委曲求全，传递出"我是不重要的"信息，并且总会压抑自己的感受。	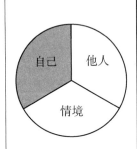
指责	
身体的姿态是一条腿向前迈出，挺直脊背，一只手插在腰际，为了保持身体平衡，用另一只伸出食指的手直指他人。使用这种应对姿态的人则常常忽略他人，他们习惯于挑剔、批评、拒绝别人的请求，将责任推却给其他人，行为上总是在大嚷大叫地表达对他人的不满，如"都是你的错""你究竟是怎么回事"。他们通常感觉到自己是孤独而且不成功的，所以宁愿将自己摆在一个高高在上的位置与别人隔绝而保持权威。讨好和指责是最常见的两种姿态。爱使用指责这种应对姿态的人通常会吸引一个讨好姿态的人在他的身边。	
超理智	
双腿并拢，双手抱在胸前交叉并抬起，头部微微上扬，腿和背部是绷直并僵硬的。使用这种应对姿态的人只关注情境，忽略自己和他人，他们思维敏捷，理智冷静，只关心事件是否合乎逻辑，数据是否正确，不去触碰感受和情绪。他们极度客观，习惯运用抽象的言语和冗长的句子来说明自己的观点，以显示自己的过人之处。他们表面上显得很优越，举动合理。实际上，他们内心很脆弱，有一种空虚和疏离感。	

续表 2-1

打岔 　　使用打岔姿态的人似乎一刻也不能保持静止，他们弯着腰，脑袋挂在脖子上，双脚呈内八字，漫无目的地到处游走。自我、他人和情境是他们都没有关注的，常常会让人感觉迷惑，认为他们离题千里、避重就轻。他们经常改变话题来分散注意力，不能专注在一件事上，避开个人的或情绪上的话题，讲笑话、打断话题、词不达意、不愿意真正去面对。让别人在与自己交往时分散注意力，也减轻自己对压力的关注，想让压力与自己保持距离。他们没有目标和方向，相信"没人关心我""这个地方不属于我"。内心焦虑、哀伤，精神状态混乱，没有归属感，不被人关照，还常被人误解。	
一致性 　　双脚踏实地踩在地上，双手掌心向上，表示敞开和接纳，能量自由地流动于自身内部和人与人之间。他们重视自我、他人和情境。具有高自尊，内在和谐，认可压力的存在，也正视自己处于压力之中；承担起自己在压力中的责任，为有效地应对压力而做出努力。能够真正接触到自己的身体讯息以及自我的防御和家庭规条。与他人联结时，能全神贯注地投入，愿意聆听对方、接纳对方。他们的言语、身体姿势和声调配合内在感受，拥有较高的自尊，是有创造力的、独特的、有能力的。	

注：图中阴影部分表示被忽略的部分。

　　如果你愿意，可以尝试摆出这些姿态来体验一下身体的反应。讨好、指责、超理智和打岔，这四种应对姿态是人们在童年时期习得的一种求生存的应对方式。当感到有压力存在的时候，会不自觉地去保护自己，这是一种应激反应而不是回应。每种沟通姿态都不会是永远不变的，随着自我价值的提升，每个人都可以看到在习惯的沟通模式下自己所拥有的资源,并且可以在保持原有资源的基础上做一些添加,以达到身心整合、内外一致。

讨好的资源:关心,敏感性。

指责的资源:自信,自我肯定,领导力。

超理智的资源:逻辑思维,才智,理智。

打岔的资源:有趣,自发,创造性,幽默感。

对于习惯了讨好应对姿态的人来说,先不用着急去取悦他人,而是把焦点放在自己身上,关注自己的感受,倾听自己内在的声音,勇敢表达出自己真实的感受。这样做最初感觉很难,因为多年没有关注自己,压抑自己的感受,认为自己不重要,但是为了能让自己活得更加健康与自在,还是值得去冒险的。

习惯常常去指责的人,可以尝试放下指责他人的手,深呼吸,把关注点放在对方这个人身上,而非对方所做的事情。去好奇一下这个人有哪些感受、想法和期待,看看自己没有被满足的部分是什么,学习用尊重的方式向对方真诚地表达出来。

习惯于超理智的人,需要先后练习关注自己、关注别人的感受。因为超理智的人头脑运作特别快,总会有很多的道理、数据,他们可以先尝试和自己的身体保持接触,再练习关注自己的感受,并且由此及彼,慢慢从运用大脑到走心。

对待经常打岔的人,则要有更多的耐心。他们习惯了用"不和自己在一起"的方式来躲避痛苦,所以要让他们先习惯适应情境,学习接触自己和他人,活在当下。我们的努力方向是要一致性的沟通模式,这是一种选择,也意味着你选择成为真实的自己,并与他人建立直接的联系。这种选择基于我们充分地觉察、了解和接纳自我、他人和情境,并为自己负责。一致性并不意味着一直开心没有烦恼,也不意味着在任何情境中都表现得礼貌得体。

一致性是一种健康的存在方式,能够诚实地与自我、他人和情境相连接,是一个人内在和谐、人际和睦的基础,它存在于个体所有组成部分的健康关系中。一致性的沟通意味着承认自己所有的情感,能很好地表达自己的想法,同时顾及他人的感受,且考虑到情境。在表里一致的行为和关系中,人们可以不带任何评判地接纳并拥有自己的感受,并且以一种积极、开放的态度来处理感受。

(三)家庭规则

规则是人类社会化的产物。

家庭规则的制定是为了规范所有家庭成员的行为,是家庭结构和功能的一个重要部分,每个家庭都有一些特定的规则以引导家庭成员的行为。良好的家庭规则有利于家庭成员的发展,有利于他们形成良好的习惯和提高适应社会的能力,这样的家庭规则是人性化、富有弹性、可以公开的,是允许家庭成员根据具体情况做出不同选择的,是会随着时代变化不断修正和完善的。而有些家庭规则尽管大家都知道它的存在,但却从来没有很清楚的界定,以至于个人理解和期待不一致,甚至形成了桎梏,阻碍家庭成员的健康发展,同时也为家庭本身带来障碍。

这些不能促进家庭良好运作的规则中，有一部分是非人性化的，例如，"犯错误是要被惩罚的""永远要守时"。有些是绝对化的家庭规则，这些规则常常会用"必须""绝不""一定要是"这样的词语来要求家庭成员。例如，家里要求每个人都是诚实的，绝不可以撒谎。但我们知道生活中有时候因为情境需要，一些善意的谎言可以给我们带来希望。有些规条随着时代的发展已经慢慢变得不合时宜，如"孩子一定要听大人的话"。孩子总有长大的一天，他们慢慢会有自己独立的思考、判断和做出决定的能力，若还固守着这样的规条，对他们自我价值的发展也是有所限制的。有些家庭规则不允许我们表达感受，"不可以生气""男孩子就要勇敢，不可以哭"，这样的规则常常阻碍了我们的感觉通路。久而久之，我们常常会用应该如何想、应该如何说、应该如何感受代替了我们真实、自由的思考、表达和感受。一些规则会一代一代传承下去，很多的"应该""必须""绝不""总是"通过语言和非语言的方式传递给孩子，从而变成了强制性的规则，形成了人生的信念，在未来的生活中成为固化的生存法则。

我们的行为是以规则为基础的。在生命的最初，我们需要尊重家庭规则来帮助自己生存。当父母不知道如何处理差异的时候会用这些规则来维持家庭中的"安全"。于是这些家庭规则渗透到了我们成年的生活中，尽管它们已经不适应我们目前所处的情境，但是我们仍然无意识地背负着它们。这些规则常常让我们感到挫败和无力，并且成为我们生活中的一些阻碍。若家庭中的规则能够调整，将它们合理化，家庭里的互动关系也就发生了变化。这些固化规则能转化为生活的指引，非人性化的规则转变为人性化的。我们不用去放弃任何东西，而是增加了新的选择和可能性，这样就能促进家庭成员和家庭的良性发展。

萨提亚女士有一首小诗能帮助我们来做出规则的转化：

自由地看和听，来代替应该如何看、如何听；

自由地说出你所感和所想，来代替应该如何说；

自由地感觉你所感到的，来代替应该感到的；

自由地要求你想要的，来代替总是等待对方允许；

自由地根据自己的想法去冒险，来代替总是选择安全妥当这一条路，不敢兴风作浪摇晃一下自己的船。

（四）互动的要素

人是一个复杂的统一体，对外在事物的反应也有一个复杂的加工过程。正确的反应会促进家庭成员产生积极的情绪和正确的行为，错误的反应则会导致家庭成员产生消极的情绪和错误的行为。人对事物的反应过程主要可以用以下六个问题来开始，我们将它们称之为互动的要素。

（1）我听到和看到了什么？

（2）对于我所看到和听到的，我给予了什么解释意义？

（3）对于我所做出的解释，我产生了什么感受？

（4）对于这些感受，我又有哪些进一步的主观感受？

（5）我运用了哪些防御方式？

奔跑吧，爸妈
——心理学工作者的人格教育实践

(6) 评价时，我运用了哪些规则？

举个例子来帮助大家理解一下：

女儿回家晚了，事先没有通知妈妈。当她进门的时候，妈妈和她有段这样的对话。

妈妈："你是怎么回事？这么晚回家，又跑哪里野去了？"

女儿："反正回家总要挨骂，还不如晚点回来！"

很显然，在这对母女的对话中能感受到冲突即将发生。人的内部加工过程非常迅速，如果我们将两个人的互动按上述的六个问题分解一下，或许能看到语言中所没有传达出来的信息，更能帮助这对母女平静地沟通。

(1) 妈妈看到女儿比平时晚回家。

(2) 妈妈的解释是回家晚了有可能发生不安全的事情。

(3) 基于这个解释，妈妈感到很担心。

(4) 对于担心，妈妈的感受是着急和生气。

(5) 妈妈使用了指责的方式对待女儿。

(6) "放学后必须尽快回家！"是妈妈所运用的规则。

我们分解了妈妈的观察与倾听、赋予意义、感受意义、感受的感受、运用的防御机制以及遵循的规则这六个互动的要素，这些都是她内在发生的反应，妈妈自己可能都没有觉察到，而女儿则更加意识不到。妈妈可以尝试用不一样的方式来和女儿沟通，例如：

(1) "看你回来晚了，我担心你的安全！有什么事情耽误了吗？"

(2) "我有点生气，是因为我着急地等了你很久，我希望能知道是什么原因。"

（3）"你可以晚回家，前提是让我知道你的安排，以免我担心。"

作为女儿，听到妈妈这样与自己交流，你猜她会做出怎样的回复呢？重复旧有的方式只能带来旧有的结果。在萨提亚模式的治疗信念中有这样一条：我们有许多选择，特别是面对压力做出适当回应，而非对情况做出实时反应。萨提亚女士鼓励人们拥有至少三种可能的选择。她认为一种选择并不算是选择，拥有两种选择只是让我们处于两难的困境，只有拥有三种选择的机会才能为我们提供新的可能性。

三、如何在原生家庭的探索中获得自我成长

小静是我的一位来访者,是两个孩子的妈妈,她前来咨询的目的是如何管理好自己的情绪并找到自己的力量感。

她是家中的第二个孩子,有一个姐姐和一个弟弟。8个月大时她被送往乡下的姥姥家,直到3岁的时候,才被父母接回家。为了避免当时计划生育政策所导致的罚款,家里人对外称她是捡来的。在小静的记忆中,姥姥对她的照顾无微不至。而回到自己家里,面对姐姐的排斥与弟弟的欺负,面对妈妈的重男轻女和爸爸的严厉,都让她感到恐慌。她认为这是一个不和谐的、缺少温暖的家。小静与先生是大学时认识的,毕业后一起来到深圳,共同努力,白手起家,筑起了自己的四口之家。在父母眼中,小静是三个孩子里最让父母觉得欣慰的,看起来她的生活状态已经是幸福而美满的了,可是她内心总有一些无力感和不安全感,会焦虑于自己究竟够不够好,对自我的能力不愿相信。小时候的经历让小静体验了很多的恐惧、受伤、委屈和愤怒,所以她心里有很多的怨气被压抑着。她常常不自觉地会用指责的方式来保护自己。很多时候,她不知道自己为什么总会忍不住发火。尤其是当了妈妈以后,对待女儿她也无法停止自己内心的焦虑,一次次对女儿大吼之后又陷入深深的自责与内疚中。

小静愿意前来接受个案咨询,表明她已经愿意为自己负责任并有意识做出

改变。做出新的尝试的确需要一些勇气，但能在过程中看到希望，就是一份动力。我们的咨询方向是提升她的自我觉察能力，以萨提亚模式的四大目标为最终方向，分阶段在个人情绪认知、个人情绪管理、关系的厘清、关系的促进、接纳差异、放下期待、调整信念体系等方面进行工作。（注：萨提亚模式的四大目标为：①更高的自我价值；②做出更好的选择；③更加负责任；④内外一致、表里如一）

在咨询的过程中，我们运用了萨提亚模式的两个主要工具——冰山和原生家庭图。如图 2-1 所示，冰山是一个隐喻，它将一个人的整体比喻成一座冰山。海平面以上的部分代表的是人的行为，是很少的一部分；海平面若隐若现的部分是人的应对姿态；而海平面以下更为庞大的一部分则是人的内在世界，不容易被人看见，这里蕴藏着人的感受、观点、期待、渴望和自我。我们需要做的工作就是透过表面的行为，去探索内在世界，寻找出内在资源，做出不一样的选择，从而可以获得积极正向的改变。

通过她的原生家庭图，我们也做了一些探索，例如，家庭成员之间是怎样的关系？他们之间是如何互动的？都有着怎样的信念？出现压力的时候彼此之间是怎样应对的？家庭成员之间有怎样的期待？家中有哪些规条？家庭带给她的影响有哪些？通过冰山与原生家庭图的探索，小静能够更加深入地去看待自己，去碰触小时候那些有着强烈情绪感受的事情，去看这些带给她的影响，让她做出怎样的决定，形成哪些信念，她又是如何求生存的……

咨询过程中，我们梳理了小静是如何在困境中帮助自己的，那些她看似不喜欢的恐惧曾经帮助她学会保护自己，使她得以在各种艰难的环境中生存下

图2-1 冰山和原生家庭

来；而她不认可的愤怒情绪曾经也让她有了不服输的斗志，让她可以不断地努力，去达成一个又一个目标。通过咨询，小静用另一个视角去看待自己的过去，去接纳自己的不完美，去欣赏自己、认可自己。同时，小静也看到了父母在当年的环境中的难处，她看到自己所拥有的良好品质正是从父母身上学会的。当她看待父母的角度不同时，她也能够看到和感受到父母曾经给予自己的爱。所以，当小静看到现在的自己可以不再像孩子那样总希望得到父母的关注与认可，可以为自己的生活负责时，她开始愿意相信自己是值得被爱的，相信自己可以表达自己的需求，可以把高高在上的父母当成普普通通的两个人来看待并理解他们，去体验那份与父母之间天然的爱的连接。基于感受到自己是值得被爱的，她获得了更多内在的力量，可以掌管好自己的情绪，厘清自己与孩子之间的关系不再是纠缠不清的。当她放下了对孩子的期待，选择信任和接纳孩子，孩子也更加放松和自在。

每一次的咨询，都会涉及不同的议题，但都会从过往的历程连接到当下，并重新去体验过去的事件所引发的感受，聆听由那些感受所带来的信息。当年的小静为了求生存而磨炼出很多的资源和智慧，她可以有选择地去运用它们并做出一些新的尝试。当小静能够更加深入地洞察、了解自己的行为、感受、思想、期待时，她就可以对自己更加负责任，拥有对自我的慈悲与欣赏，接纳自己，拿回自己的主权，做出新的决定，建立边界，尊重自己，善待家人，更加平和地处理关系里的冲突和解决遭遇的困难。

咨询结束时，小静脸上的微笑让我感觉到她已经从自己的原生家庭中有所学习，并且愿意将这些经验运用到生活中去，为自己的孩子建立一个和谐的原生家庭。

四、如何为孩子建立一个良好的原生家庭

家,是生命的起点,是人生的驿站,是避风的港湾,是幸福的乐园。有了家,就意味着有了安全、依靠、责任、爱与连接。古人云:修身、齐家、治国、平天下。世界上有成就、有影响力的人物都是从婴儿一步步长大,他们如何能够影响他人、改变世界,很大程度上是由他们的过往经历、信念和生长的环境来决定的,而家庭就是塑造他们的最初的地方。当孩子出生,他就会受到家庭其他成员的影响,每一个人的行为、语言、情绪、想法都会在不知不觉和潜移默化中影响这个家庭新成员,并形成一些观点。例如,如何看待自己,认为自己是够好的吗?自己是可爱的吗?自己是值得被爱的吗?他人对自己是友善的吗?这个世界是安全的吗?这些逐渐变成了影响人一辈子的价值观和信念体系,就像是一张心理地图。如果没有意识到这些过往是如何影响到自己的行为、做决定的过程以及与人相处的方式,就会终其一生不知不觉地按照这张心理地图来行走。

现实生活中,并不是说孩子一出生,家长们就自然而然拥有了养育孩子的所有知识。家长需要通过学习,成为孩子的引领者,需要去观察、去倾听、去支持、去引导。和谐家庭中的父母之间有着良好的情感互动,夫妻之间的沟通是彼此平等而尊重的,这可以给孩子营造出足够的安全感,体验到尊重与被尊

重。夫妻之间能够和睦相处，需要彼此的包容、理解，洞察自己的情绪如何触发自己的行为，以及自己的行为给予对方的影响。这需要两个人都能体恤对方，发展出各自成熟健康的心智。

孩子最初的学习起于无意识的模仿，父母的行为对孩子的影响非常之大，所以，我们常说教育就是"言传身教，身教大于言教"。家长要对自己的情绪负责，若家长肆意宣泄自己的情绪，孩子不但无法感受到安全感，也没有可能学会去为他们自己的情绪负责，而且他们会认为是因为自己不够好而让父母不开心的，从而压抑自己的感受，无法积极乐观地对待自己和他人。

孩子在成长的过程中，由于技能不够或适应性的一些行为，会让家长感觉到孩子在犯错误，如果家长因为孩子的这些不当行为而责罚孩子，会让孩子的自尊心受到伤害。家长要学会区分犯错误的行为与孩子这个人是两个概念，行为可以有对错之分，而人是需要被尊重的。有时孩子并不是有意地犯错误，他们只是想通过某些行为来呼唤家长的关注、认可和爱。若孩子的这些不当行为被误解，得到的是家长的指责或惩罚，虽然他们的不当行为有可能被制止，但由此留在孩子心灵上的创伤却不容易疗愈，他们很可能觉得自己真的很糟糕，不值得被爱，没有安全感。人只有在认识到自己是有价值的并得到他人的欣赏和认可时，才能去做出更加有创造性和有所贡献的举动。所以，家长要使用保护孩子自尊的方式来解决问题。即便孩子真的犯了错误，需要纠正，家长可以用充满关爱的态度好奇地耐心询问原因，倾听孩子的真实想法，给予孩子关爱，同时能理解孩子的感受，抓住恰当的机会让孩子学会正确的思考方式。

家长需要给予孩子足够的支持、鼓励和力量。无论发生任何事情，无论他们做了什么，都要让孩子感受到你无条件的爱。因为他们是独一无二的生命个体，他们是与众不同而又有价值的独立存在。鼓励孩子勇敢地去尝试自己的想法，让孩子拥有勇气和自信去为他们自己的行为承担责任，而不是为了迎合他人或得到认可。

家庭是一个社会的缩影，帮助每一位家庭成员建立彼此的联系，也能体现出社会的互动形态和文明程度。如果我们能够为我们的孩子，创造一个幸福美满的原生家庭，我们也就是在推动和建设一个和谐安定的社会环境。

参考文献

[1] 维吉尼亚·萨提亚. 新家庭如何塑造人［M］. 北京：世界图书出版公司，2006.

[2] 维吉尼亚·萨提亚，约翰·贝曼，简·格伯，等. 萨提亚家庭治疗模式［M］. 北京：世界图书出版公司，2007.

第一部分

人格教育理论

创造力与全民创新

刘秀祯

作者简介

刘秀祯 儿童心理学研究生，在企业从事教育行业研究及教育集团化运营管理。研究生课程专注于儿童创造力发展，把创造力培养方法的理论与所在的幼教领域相结合，在指导及实施方法论的同时，将观察研究结果以沙龙与家校讲座等形式分享给广大家长朋友，将创造力潜能和创造力发展的理论付诸工作实践与日常生活中。

第一部分
人格教育理论

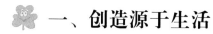 一、创造源于生活

"在日常生活中的创新表现是创造力的最大表现,也是个人成功的最大表现。"

——美国著名心理学家 斯坦伯格

今年我有幸参观了被经济合作与发展组织（OECD）评选为世界上最优秀的教育建筑典范和幼儿园设计领域教科书级别的作品——日本藤幼儿园。它的设计师是享誉盛名的手冢贵晴和手冢由比夫妇。幼儿园创办人加藤先生和手冢夫妇为我们讲解了设计理念,它的建筑设计颠覆了所有幼儿园传统的结构和观念,以幼儿的身心发展和活动特点为依据,把整间幼儿园设计成屋顶是开放式活动空间的大椭圆形建筑物,这里的家长不会担心孩子是否会跌伤、是否能学到知识,甚至孩子是否会变得贪玩如脱缰的野马。幼儿园园长加藤先生说:"开放的教育理念和阳光、空气、土壤、大树等自然元素,给孩子们带来了巨大的快乐,这里的老师都不怕孩子走散,反正上上下下都是圆的,孩子再怎么跑,总是要回来的。"设计师手冢先生说:"建筑创造能改变我们的生活,在这里,建筑创造改变了孩子们的生活。"该建筑充分体现了手冢贵晴与手冢由比的"建筑物最终应该伺候住民"的设计理念。

图3-1　日本东京藤幼儿园的椭圆形屋顶　　图3-2　与藤幼儿园创办者的合影

创造力在一定的领域内都跟人们的生活息息相关，其创造的结果可以是某个领域具有非凡成就的创造性发明，也可以是平凡普通的家常创意或美学艺术创新，它是行为个体通过不断地更新知识经验所积淀下来的日臻完善的力量和结果。人类在科学技术领域、生活领域的创新和改变，都表明了创造力的结果不仅推动着人类社会文明的发展，而且也不断地丰富了人类的文化生活及改善了人类生活的质量。每个人的内心都有创造的欲望和本能，因为创造力会常常伴随在不解和困惑的左右，却在一闪而过或者灵感涌现时得以解决。

富有创造力的人，他们对待生活的态度总是积极乐观、善于思考、丰富多彩的，他们用充满想象和探究的态度改变自己和他人体验世界的方式——因为创造改变生活，创造改变世界。

二、实践创造力的条件

"创造力就是发明、做实验、成长、冒险、破坏规则、犯错误以及娱乐。"

——玛丽·库克

我在英国国家博物馆和法国巴黎的卢浮宫,一次次被伟大的建筑、雕塑和壁画作品所震撼。不管是文艺复兴时期还是在没有先进工具的古埃及时代,那时的艺术家们大都穷困潦倒,创作环境恶劣。米开朗基罗为了西斯廷教堂的壁画,扭着身体,弯曲着腰身,站在脚手架上完成了令世人瞩目和惊叹的壁画。是什么样的内力驱使创造个体具备这样的特殊行为呢?在每一个人的潜意识里,都具有创造力所需的心理能量,但是有很多的障碍令很多人无法释放出这种潜力,我们中的一些人被太多的要求搞得筋疲力尽,因此很难在开始就把握住这些心理能量并激活它们。每个行为个体从小都有十万个为什么,都有打破砂锅问到底的坚持,可是,随着时光的推移,问题少了,固化的思维多了,发散思维和聚合思维能力就越来越弱了。所以,除了个体本身对事物的原始兴趣和爱好外,更多的还有外界的因素与条件,这是激活创造力不可或缺的助推器。

（一）兴趣、执着与好奇心

人类个体对事物与生俱来的兴趣爱好和好奇心是产生创造性的原动力。创造力是个人头脑的思想活动与社会文化背景的互动。有创造力的人首先是很有想法的，但是这些想法要付诸实践当中，否则也只是空谈主义者；其次有创造力的人是充满好奇心和兴趣的，你不可能让一个害怕昆虫或毒蛇的人去爱上自然科学或者成为自然科学领域的达尔文。创造力个体除了自身具有的某方面超强能力外，兴趣爱好以及对某个领域的痴迷程度也能让创造个体发挥出尽可能大的本能，想尽办法抵触消除外界的阻抗力，从而达到创造的目的，这是每个具备创造力人格的个体身上基本都具备的特质。

我相信，令一个人是否有创造力或者对创造产生极大兴趣和爱好的，一定跟个体是否有强烈的好奇心有关。好奇心是人们学习、研究的最初动因，也是最基本的创造心理因素。但是，人类的好奇是凭借着理性的大脑而产生的好奇心，这种好奇心表达了人类对未知世界和信息了解的渴望，这就是巴甫洛夫称之为"这是什么"的本能——提问题的本能。另外，强烈的好奇心和兴趣使他们对周围环境的某个方面会非常关注，且这种好奇心和兴趣通常会伴随他们生活中的方方面面。

图3-3中是翠园中学国际部的学生，他是一位非常腼腆而帅气的小伙子，在他的房间里除了一张床，到处都摆满了堆放材料零件的柜子，操作台是除了睡觉之外最整齐的地方。虽然无人机是别人的创造和研发成果，但是他从一个

兴趣爱好者的角度，从零开始，把一个完好的无人机拆开又组装，组装后又拆开，不断地研究、了解其结构，最后他通过收集废旧的材料，在各种废弃的玩具以及其他机器中拆除需要的零件，组装了属于自己的一件个性化的超强性能的无人机，为学校的航拍工作和兴趣小组的活动开展起到了非常大的推动作用。

图3-3 忘我操作中的翠园中学学生

（二）环境、政策与平台

环境是创造力个体发展的首要因素，它为创造力个体提供了自由的想象和实际创造的空间。大多数心理学家都认为环境对创造力有影响。库尔特·勒温（Kurt Lewin）的场动力理论说明创造是人的一种行为，因此也可以说创造力的产生是人与环境相互作用的结果。如果缺乏环境的支持，创造力的前述品质就是空话，创造力也就不可能产生。

在日本，我们考察了日本科技博物馆，令我深深感受到时代背景和国家战略举措是孕育创造力的摇篮。在短短的一天里，我们看到了三所学校有组织学生参观三菱重工的，也有参观科技馆的，他们的教育直接与实践接轨。21世纪以来，日本已经有17个人获得过诺贝尔奖，日本成了仅次于美国的第二大"诺奖大户"。2016年1月22日，日本内阁审议通过了《第五期科学技术基本计划（2016—2020）》，该计划提出，未来10年把日本建成"世界上最适宜创新的国家"。尤其值得关注的是，日本获得诺贝尔奖的科学家大多有着相对美好的童年，日本东京藤幼儿园就是一个很好的例证，在这里我能感受到孩子们的幸福以及他们崇尚自然、探索科学的自由氛围和严谨的生活态度。

图3-4 科学未来馆里可以与真人对话的声控宝贝

图3-5 "Geo-Cosmos"是科学未来馆的标志性展品

产生创造力所需的环境因人而异。有些人在极度的兴趣爱好的驱使下、在探索与冒险的本能下，会自我创造条件；而有些人在轻松浪漫的环境或特殊的环境下才会被激发创造的可能。孕育创造力的环境要有三个条件：首先要有想从事的领域氛围。就好像深圳的大芬油画村，你如果有兴趣在油画领域占一席之地，那么油画村可以给你提供足够多的相关信息量。其次是富有灵感的环境，创造力与生活环境的关系和创造的内容有关。比如文学创作它可能不需要一个很优越的环境，在一个简单空旷的书房或者一个风景宜人的野外，也许就有了创造的可能；而绘画的创造可能只需要提供一个创造的平台和主题；当然如果是科技创新，那么所需要的环境因素就显得更为复杂和重要了。最后是机遇。屠呦呦在诺贝尔奖获奖感言里提到，她要感谢中国伟人毛泽东，因为他指示"即时成立中医研究院"，它就是屠呦呦的工作单位——中国中医研究院的前身，也是成就她一番事业的平台。她说，"假如没有成立中医研究院，假如把我分配到一个乡村医院，我顶多是一个平庸的中医，更别谈什么青蒿素，什么诺贝尔奖了"。

（三）实践、知识与认可

儿童的思想禁锢较少，受到了丰富的刺激，有更多表现自己的机会，因而他们的求知欲旺盛，进行联想、发散思维的机会较多，从而有利于形成创造性人格，创造力也可以得到很好地发展。事实上，我们不可能基于对某人早期天赋的评判来断定一个孩子在将来是否具有创造力，但一个有创造力的孩子，他

奔跑吧，爸妈
——心理学工作者的人格教育实践

一定是热爱学习、喜欢动手的人。

有一次我在旅途的高铁上看书，被旁边农妇耐心哄孙女的言行所干扰。她们的声音很大，仿佛整个世界只有她俩的存在，我不由得把目光投向她们，平静地看着他们嬉闹。孩子正在玩雕刻游戏，用一把水果刀在苹果上刻着，这会儿只见她欣喜地拿着一块苹果说："奶奶，我切了一条小鱼，给你吃吧！"一会儿她又举着一块"星星"往奶奶嘴里送，那认真劲儿超乎我的想象，她们根本没有意识到在火车上玩利器有可能会对身体造成伤害，奶奶仿佛也对孙女操纵利器很有把握，没有过多的介入与干预，却对孙女的作品称赞有加，不时地给予肯定和表扬。

孩子为何有创造欲望和满足感呢？首先，跟创造者本身的创造欲望、兴趣爱好和对生活的热爱好奇有关。行为个体在相对艰难的环境下，空间狭小又没有过多可供消遣的玩具，只有一张简易桌面、一把水果刀、一个苹果，小女孩对使用刀具以及苹果的切割源于以往生活的启发性知识与经验，这时候所有的知识与经验都会在行为个体的潜意识中与意念结合起来并产生创造性行为。其次，创造者必须具备学习和运用的能力，创造的事物肯定是学习接触过的内容，创造者必须是动手操作的行为个体，任何的创造都离不开动手操作。小女孩在生活中已经积累了一定的生活经验，如怎样使用刀具，对鱼和星星已经有了经验认知，在制作的过程中，小女孩再次运用了以往的经验，精心雕刻着印象中的"小鱼""星星"模样，这个过程是最享受也是最耗时的。最后，在结果产生的时候，小女孩的奶奶对制作出来的"小鱼"和"星星"产生了浓厚的兴趣并加以认可和肯定，行为个体作为创新者本身在完成了一个创造过程中尝试到了亲手制作、结果运用、结果认定的一系列过程。这是行为个体的创造过程，也是一个价值认可的过程。

如果创新者的创造结果没有经过运用和认定，那么创造力也许就会失去生活核心价值和意义。从人们幻想着能飞上天的那时起，就在幻想着用怎样的方式和方法才可以在天空中自由自在地飞翔，从简单的风筝（纸鹞）开始，带着人们的飞天梦，不断地探索，就有了飞机、火箭。创造离不开生活的核心，人们总是在生活中不断地创造一些让生活更富刺激和更富意义的创新行为，而实践创造力也是需要具备一定条件的。

三、创造型人格特质

"有创造力的人具有柔韧性,他们能随着形势的变化而变化,破除习惯,毫无压力地面对优柔寡断和状况的变化。和那些顽固呆板的人不同,他们不会受到意外的威胁。"

——弗兰克·戈布尔

创造者具备一定的与众不同的特质,他们中多数人的性格都具有大家常说的双重性,既充满矛盾又包含了人类的所有潜在性格,可谓是情商与智商综合性很高的一类人群。由于每个人的成长环境以及经历的模式未必相同,思维方式也有各自的独特性,所以很难找出创造者所具备的一些共有的相同模式和特征。但这种个体具有优于常人的特点就是不易受到不利因素的阻碍,相反他们正是改变和创造规则的人,创造仿佛就是他们与生俱来的使命。

创造型的人格既然有矛盾性,就一定会有矛盾正反的占比所影响的常态特质,他们潜在的矛盾性给他们的创造过程提供了各种思维的广度。很多心理学家都研究过创造型人格的特征,这些个体的人格特征因素有很多,但最有共性的部分还是有迹可循的,我们不妨看看几个例子,从中分析富有创造型的人格都有哪些特质和个体模式。

（一）思想与性格表现得很复杂，常有些奇怪的想法和点子，甚至是强烈的预感或者预知力

富有创造力的个体，他们善于对不同碎片化的知识进行记忆想象和关联，是一种自我意识跳跃后的有机整合，这种整合过程是思维复杂性的一种表现。思想的复杂性，指的是矛盾性、双面性等不确定因素，一切皆有可能的思想是一种常态的存在方式。常人都存在或多或少的双面性和复杂性，一般都是以一种常态的性格模式存在而隐藏另一面的。隐藏的一面总是在极端情绪的触动下产生并表露出来，释放时会有内心冲突的感受。创造型人格的多元而复杂的潜在性格可以将复杂性毫无冲突地表里融合、充满和谐地统一起来，就是这样的复杂性，让创造者们的思想维度更宽广而做到游刃有余。

2019年在塞尔维亚旅行时，我对出现在贝尔格莱德当地货币上和以个人名义命名机场的这位人物，产生了很大的好奇心，他就是一度快被世界遗忘的发明家尼古拉·特斯拉（Nikola Tesla）。在参观了尼古拉·特斯拉博物馆之后，我对他的生平有了一个比较立体的了解，同时也感受到这位天才发明家的独特个性。他认为人类不过是"血肉机器"，每个人都免不了要信仰某种超级力量。他在自传中描述道，"如果有人对我说出一个词，那么这个词所示意的物体的景象，便在我的眼前生动地浮现出来，有时候我都无法分清，究竟我看到的是否真有其事"。特斯拉推论，这种景象是当他高度兴奋时，因大脑对视网膜的反射作用造成的，这些景象并不是幻觉而是智力发展的自然结果。

奔跑吧，爸妈
——心理学工作者的人格教育实践

（二）谦逊和富有献身精神，同时也表现出超凡脱俗的清高

几乎所有的创造者，都有献身精神。为了完成创造结果，他们在实验室里忘我地工作，甚至用自身做试验品。屠呦呦的获奖让全世界对中国本土科学家有了很深刻的认识。她把获奖的功劳归功于科研团队中的每一个人，归功于中国科学家群体。为了做实验，她经常以身试药而导致肝中毒。记者采访时她说，"我确实没什么好讲的，科研成果是团队成绩，我个人的情况在这两本书里都讲得很清楚了"。对于已经获得如此殊荣的人来说，讨论如何获得成功的话题已经没有多大意义，他们很清楚所有的成功都需要平台和团队，所以只有不断地创新和取得更多的成功才是最重要的。

行为个体的谦逊特质还表现为超凡脱俗的清高和感性，以及从另一个维度表现出的自信和隐忍。屠呦呦在获奖感言里说道："我唯一不感谢的，就是我自己。因为痴迷青蒿素，我把大量的时间、精力和情感投入科研当中，没有尽到为人妻、为人母的义务和责任。""我喜欢宁静，蒿叶一样的宁静；我追求淡泊，蒿花一样的淡泊；我向往正直，蒿茎一样的正直。"

富有创造力的个体对时间的掌控往往无法控制，往往忘记时间的存在，为了尝试成功体验往往不顾安全，在创造过程中，陪伴他们的就只有操作、体验、创造。他们的原驱动力很多来自对自身工作的狂热爱好，不怕困难和挑战新问题。很多创造者所创造的目的不是为了产生利润或者获得个人利益，更多

的是满足自身的兴趣、信念以及对解决自身问题和疑惑所得到的结果而产生兴趣。

（三）精力旺盛，有超强的自控力，不管遇到多大的打击都不被外界影响自己的目标和方向

富有创造力的个体，他们往往沉迷于创造的过程而废寝忘食，抑或对其他事物不感兴趣，这些是否代表他们有超强的自控能力呢？如果是，又是什么样强大的自控力支撑着他们这么执着地去完成自己的工作成果呢？所谓的自控力是高度的自我控制能力，即对于自我意识的流动有着较强的感知和控制能力，这是否意味着努力提高自控力的同时，创造力会相应地下降呢？我想这应该是不冲突的。富有创造力的个体，他们有可能是通过看到或闪过一种想法从而产生对事物的推理、判断，然后进行操作实验。在这过程中，需要更多的综合分析和抽象的思维能力。自控力也是一种稳定的状态，换句话说，如果个体很有想法，但是没有行动力，那么创造力也不会产生结果。

诺贝尔先生在进行一次炸药实验时发生了爆炸事件，实验室被炸得无影无踪，5个助手全部牺牲，连他最小的弟弟也未能幸免。这次惊人的爆炸事故，使诺贝尔的父亲受到了十分沉重的打击，没过多久就去世了。尽管诺贝尔深受打击，但他却百折不挠，把实验室搬到市郊某湖中的一艘船上继续实验，继续成就他的伟大梦想。这得有多么大的自控能力才能做到！清华大学经济研究所博士后卜鹏滨说，"没有待过实验室的人不会明白，成百上千次反复的尝试有

多么枯燥、寂寞，没有非凡的毅力，不可能战胜那些失败的恐惧和迷茫，不可能获得真正的成果"。

（四）以目标为导向，对某个领域的兴趣爱好表现得非常专注与充满激情

偶然在一个节目上看到就读于深圳东方英文书院的"科学小狂人"卢驭龙的表演和采访，不禁对他的经历和个性特征产生了兴趣。他的创造行为源自好奇。在他9岁那年，他在医院里捡到了一瓶高氯酸，不料，高氯酸不小心侧漏将他的大腿烧伤。但这次烧伤却深深地引发了他对化学的兴趣，并自己动手置办起了一个化学实验室。为了实验室的实验器材，他节省零花钱，到街上捡废品卖，所有的零花钱和时间都花在他的实验室里。"无论是刚刚过去的暑假，还是平时的周末，我很少呼朋引伴出去聚会、逛街，绝大部分时间里，我都是一个人待在自己的实验室里做实验。我觉得那是一种像逛街一样的快乐与放松。"他的父母非常担心他的安全，曾经24次摧毁他的实验室，可他却不断地重新搭建起了他的梦想。卢驭龙的这些行为，都是以他自有的模式与周边环境抗争相处着，这是一种思想与行为的共鸣。他的目标很明确，就是要将兴趣爱好转化为经济效益。他说："开公司的原因有二：一是'玩'，实验很'烧钱'；二是要在世界上占有一席之地，必须将自己的爱好转化为经济效益，不然就走不远。"

人格特质跟个体生活的时代、家庭环境以及教育背景有关，时代要求不同

第一部分 人格教育理论

则对于个体思想及行为的影响也不同。生活在每个年代的人都有每个年代的时代特征，对待创造的态度和思维也就会有所变化。创造者不是与生俱来就是幸运的，爱因斯坦、米开朗基罗、贝多芬……他们的成功轨迹不是幸运和偶然的，也不是有很多的支持环境和出众的基因，这些人最显而易见的成就是他们创造了自己的生活，而不是让外界的力量来支配他们的命运。他们让生活符合自己的目标和需要，他们有着自己独特的思想和见解，也有着自己的目标和方向，最重要的是有一种坚持与忘我的精神。

四、唤醒创造力的能量

"我们发现了儿童有创造力，认识了儿童有创造力，就须进一步把儿童的创造力解放出来。"

——教育家　陶行知

在跟很多朋友的交流和访谈中，他们都认为有创造力的人基本上都是天才或者具有创造天赋的人，但事实上有天赋未必代表有创造力，有创造力的个体们的想象力和观察能力都比较强。但是，想象力会随着年龄的增大而减弱，人们在某段时间表现出的独特的地方，会随着思维的发展和知识的丰富而改变。

成年人的人格已经基本固化，很多习惯已经被牢固地确立了下来，他们的行为已经受控于思想，他们的想象力也在日益下降，很难改变。从原理上说，由于大脑的硬件是相似的，因此大多数人能够掌握相同的知识，心智水平也均衡。它使初中生或者高中生在思考问题时，对标准答案的依赖多于对答案多元化的思考，缺乏聚合思维和发散思维的互补，无法使创新思维得到发展。然而，由于人们在思考方式和思考内容上存在着巨大的差异，所以创造力在学生时代，特别是儿童时代就必须被挖掘和培养，不要让创造力泯灭在萌芽期。

（一）家庭与家族的力量

没有哪个孩子的出色表现是完全因为自律或者与生俱来的潜能，就算有，如果没有后天的培养和引导，那也只是昙花一现。父母的言传身教以及宽宏大量对孩子的成长至关重要。我想，小时候的我如果父亲不是被迫害致死、母亲不用为六兄妹的一日三餐而苦恼的话，当时的家庭环境一定会给我很大的支持与帮助，提供给我良好的学习环境和在那个迷茫年代所应当给予的正当指引，我或许会是一名出色的歌唱家，又或者是别具一格的创意设计师。这不是没有可能，因为很多天赋在后天环境里得到了显现，只是它们已经变得平庸无奇了。

对待孩子要像对待成年人一样公平公正，对待3岁的孩子不能以一个接受了几十年教育的成年人的角度去要求，你的所作所为就像一面镜子折射在孩子的身上，一个能把专业知识与孩子分享的父母，他一定会在这方面有敏锐的嗅觉，甚至会让孩子产生兴趣和好奇心，而这恰恰是难能可贵的创造力心理萌芽。孩子没有经济独立能力和社会生存能力，在其突出的天分没被发掘的前提下，要脱离父母的支持与引导而成功，几乎是不大可能的。

培养孩子各方面的兴趣需要家长的引导，甚至是家族的努力及每个成员的共同付出。如果家族的力量强大，每个成员都对家族里的小成员多一些关注，给他们灌输每一个人各自领域的知识，带他们接触各自不同的圈子或者参加不同的活动，那么他们的眼界一定比同龄孩子要高得多。当你发现孩子在某个领域有着与常人不同的天赋或者对某个领域有着不一样的情结时，那么就可以抓着孩子的这些特点不放，尽可能地去培养和挖掘它。

（二）好学校与好老师

家长对孩子的期望一般都放在学校，学校教育确实是孩子走向更深层次认知的殿堂。学校教育是培养也可能是抹杀孩子创造力的地方。一所好的学校，除了给孩子提供必需的学习环境、营造良好的创造氛围以及提供创造所必需的硬件外，还离不开能发现孩子创造力的好老师，因为老师的教育方式和对待学生的态度可以令学生失去创造本能，也可以激发和挖掘孩子的创造本能。

我们见得最多的是爱学习的孩子最受老师欢迎并有可能得到他们优先的照顾和垂青，每一个学生茶余饭后谈论较多的除了同学应该就是他们的老师，可知老师对他们的影响力有多大。如果老师能善于发现孩子的与众不同和挖掘孩子内在的潜力，激发他们的积极性，那么孩子的各种潜能就能得到充分的显现。

记得高中时期放假归来，我的一个同学在音乐室弹起动听的钢琴曲，我们在难以置信的同时，惊奇于她为什么可以在短短两个月的假期里有如此飞快地进步，估计那就是内在潜力的挖掘加上努力，以及受到某种鼓励或者刺激的外在因素所导致的结果。在大家惊奇和羡慕的眼神里，我的同学从此迷上了钢琴，成了在当地钢琴演奏方面有一定建树和威望的人物。

我曾经挖掘过深圳市中学生科技创新大赛一等奖的选手，给有超级乒乓球天赋的学生以获奖的机会，也为某科成绩特别好的学生提供了个别操练和辅导的经历，让这些孩子在被鼓励与被关怀的环境中更加执着地去实现他们的创造力和学习精神。遗憾的是，当时的社会背景和机会让有天赋的学生失去了更进一步的深造机会和平台，他们最终只得从事普通而平凡的岗位。

（三）刺激与打击的影响

有这样的感触是源于我接触过的很多中小学生，同伴之间的竞争常常能激发对方的心理能量，每次参加比赛或者大考，那种挫败感总让人很萎靡，却也因此而激发了他们加倍的努力，从而促使他们下次能够获得满意的成绩和结果。

有一个学生在他读初一那年父亲病逝，当时的家庭兄弟姐妹也比较多，顶梁柱去世对家庭的打击是非常大的。他无奈地接受现实之余，继续与命运抗争，并鼓起足够的勇气让自己更加强大起来，比别人付出更多，比别人更勤勉，他觉得只有这样或许能出人头地而不至于一败涂地，最后他考上了西安交通大学建筑系，我们市的市标就是他的杰作。

婴儿期和童年期所经历的事件会塑造和影响成年期。不管怎样的情况，要培养孩子的竞争意识，让他们在充盈的生活状态下富有危机感，同时要给孩子足够的自由思想的空间，尊重孩子，不要打压孩子，所谓家长的威严会让孩子在足够中规中矩的同时熄灭了他们幻想和好奇的火花。

（四）发现问题和解决问题

富有创造力的个体表面上表现出喜欢标新立异，喜欢提出别人没有提到的疑问，又或者喜欢寻根问底找一些人们不容易发现的问题进行思考。而这些特点有些像"头脑风暴"类的情况是有益于创造性发展的，它能激活人们的发散思维，把所有的观点与回应都聚合起来，并流畅和灵活地设定多种解决方案。

发现问题的能力是可以培养的，能很快发现问题的异样及不同，并让孩子说出这些异样所造成的后果会怎样，同时提出这些问题的解决办法，这些连贯性的流程，是引导孩子流畅性思考的有效方式。当然问题和个体的观点相关联，有些个体看待问题的角度不同，所以解决问题的方式也不同，如何确定问题的本质对最终找到解决方案来说是非常关键的。我们应该思考各种各样的解决方案，尝试不同的可能性，直到找到了有效的方案，而多种备选方案也都会对你真正实施的方案起到一定的帮助，富有创造力的人乐于冒险尝试一些看似不明确的解决方案。

不管是现代家电还是科学发明都在不断地更新换代产品，因为他们发现了更加人性化的方案来加以取代，就是因为在使用的过程中不断地发现问题从而逐步地改良，减少了问题的产生和后果，同时令使用变得更加人性化。

（五）培养勤勉和自信的重要性

创造力的障碍通常来自人们的思想。如果一个把利益看得高于一切的人，那么就没有更高层面的境界来支撑和服务于创造了，这样的人很容易被惰性和利益征服，因为结果和动力都是受限和服务于利益的。所以在任何一种教育形态上，都要注意培养孩子勤勉的个性和正确的态度。当然孩子的勤勉培养需要循序渐进的过程，孩子由于左右脑发育不均衡，他们的规划能力有限，其障碍是不知道如何处置自己的能量，做事缺少计划性，家长要根据环境中的计划调整目标，将注意力集中在当下的任务上。孩子对于计划和目标的设定很模糊，这需要做家长的给予及时的引导，每一个时段都要跟孩子一起设定可行性目标并提出可达到的期许目标。

创造力总是被诸多的"不许""不行""不可以"所弱化，也可能是被某种惰性所征服，因为创造力的出现以及发展是需要很多外界环境和条件支持的，而跟行为个体产生关系的人对他们的认可是建立其信心的最佳通道。

唤醒创造力是有条件的，让我们更加清楚怎样去唤醒、怎样去保护、怎样去发挥它们，不是所有的创造都对生活有益、都对世界和平发展有贡献，有些也是有毁灭性和破坏性的。在一些没有创造力的世界里，原始的生活方式也许更加让人崇尚，因为在创新的世界里，创造的结果也许给地球增加了负担，给人类带来了很多不宜生活和居住的地方，创造力越大，破坏力也可能会越大。不管怎样，人类不断地进化所产生的问题和矛盾，也都是在人们不断地创新和创造中得到解决，因为创造是围绕人类世界的生活应运而生的。

如果创造融入学校、生活乃至各行各业，那么自己动手、全民创新无疑会成为一种新的生活态度。

第一部分
人格教育理论

说说"语迟"这件事

孟彧涵

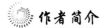

孟彧涵 国家二级心理咨询师，职业生涯规划师，职业讲师，长期写作者。心乐土心理咨询中心深圳工作室心理咨询师，简单心理签约咨询师，北京大学深圳研究生院学生心理健康中心兼职心理咨询师，深圳市心理咨询师协会精神分析委员会委员，曾任世界500强企业HR、EAP项目经理。

一、说话晚，究竟多晚算晚

语迟，就是常言的"说话晚"。究竟多晚算晚呢？

互联网上随处可见和婴儿体重表类似的"0～8岁语言能力时间表"等类似的参考指标，有些妈妈会拿着这个比对自己孩子目前所处的阶段，如果发现延迟于表中所列参考值，再加上身边同龄的小伙伴似乎都开始流利地说句子了，而自己的孩子连单个词都还说不利索，便不由得内心开始焦急起来。

比较常见的解释是：抚养者的反应太贴心、太及时了，孩子不需要使用语言，只要一个眼神、一个动作，身边的人就心领神会孩子的要求，所以孩子自然就懒得说话了。解决建议是让抚养者尽量不要那么及时、那么迅速地对孩子的要求进行反应，而要故意拿着东西说"这是什么？说，说了妈妈才给你"。

乍一看，好像是有些道理，认为孩子的语言能力是"逼"出来的，不人为设置一些障碍，孩子就能懒则懒，能拖则拖。而实际上，语言作为一种社交能力和需求，是孩子的成长发展到一定阶段的必然产物。根据人为训练可以加快或减慢这个进程的想法，我们可以用"自限性疾病"的痊愈过程做类比，能够更加看清这其中的因果关系。

什么是"自限性疾病"？比如伤风感冒，在免疫系统正常运转的情况下一个星期左右会自行痊愈，而如果在这个过程中服用感冒药物，可能会起到一些

奔跑吧，爸妈
——心理学工作者的人格教育实践

"安慰剂"的效果，或者一定程度上缓解了鼻塞、流鼻涕等症状，一个星期后感冒好了，给人以"是感冒药治好了感冒"的直觉感受。实际上即使什么都不做，由于伤风感冒这种疾病的自身特性，也会在差不多的时间痊愈，除非有专门的科学临床试验，否则一般人很难察觉到"吃感冒药"和"痊愈"中间是否存在直接的因果关联。

孩子的语言能力也是一样，赞成"抚养者不应该反应太及时，应该给孩子人为设置一些困难，这样更有利于孩子提早开口说话"观点的人，很可能就是根据自己的直观经验，认为正是通过这些行为促成了孩子说话。但还有一种可能是孩子已经发展到了内发性想要开口讲话的阶段，所以看上去是训练有了效果。在实际的日常生活中，要区分这两者是非常困难的，因为人们往往是根据经验和感受来做判断的，而非进行科学的临床实验得出结论。同时，也有很多父母会有这样的感受，似乎并没有故意训练什么，好像孩子自然而然就开口说话了，这种情况也非常普遍，成了前一种观点的反证，即有些抚养者并没有刻意"延迟反馈和满足孩子"，他们的孩子也早早学会了说话，所以，这种训练方法在不同个体身上似乎很难找到共通的有效性。

二、人类是如何掌握语言的

那在孩子说话早晚这件事上,我们能做些什么吗?回答这个问题前,我们可能需要回归到一个很核心的问题:人类到底是如何掌握语言的。

这个过程几乎发生在每个人身上,但在我们的印象中,似乎都没有最初关于如何掌握母语的记忆,在能意识到自我的存在时,我们已经学会了说话。而当学生在学校开始学习一门外语,却往往是从基本的字母、单词、语法入手,无法重现掌握母语时那种天然学习的惊人成效。

一般认为,婴儿"浸泡"在某一种或几种语言中,无意识地对词句所代表的意思进行吸收,从唇舌具备可控制的发音能力开始,通过不断试错,最终达到能够清晰地表达并顺利让他人理解自己的程度(牙牙学语的孩子刚开始学说话时往往颠三倒四、漏洞百出,但是随着使用语言能力的提升,这些错误会越来越少)。婴儿学会说话,是内外因同时作用的结果。"内因"是他是人类的孩子,在基因里具备了这个物种天生能够掌握的潜能;"外因"则是他所处的环境,提供了这样一种"浸泡式"语言。而在说话早晚这个问题上,前文提到的这种观点其实可以称为"训练决定论",即训练足够,孩子会早说,而晚说话的孩子,是因为父母给予的训练不够的缘故,只要把这部分补齐,这个问题就迎刃而解了。

实际上，对待语言训练的态度，也可以折射出抚养者的价值观，举个可能不一定恰当的例子：抚养孩子到底像种植植物，还是训练动物？种植植物是提供充足的土壤、空气、阳光和水，在合宜的季节播种下去，接下来就等待它自己破土发芽、开花结果，并且播种者既然知道种下去的是南瓜子，就不会期望长出一支玫瑰花；而训练动物的过程，如果拿马戏团动物表演来比对，就会非常明显地看到未经训练的动物和动物演员们的巨大鸿沟。如果父母坚定地相信在说话早晚这件事上"我家孩子和其他孩子的差距就是努力不够，练习不够"，那么会成为训练决定论的拥趸也就不难理解了。而在害怕被落下、害怕输在起跑线的巨大焦虑之下，父母将自己的焦虑转化为"训练"的行为，其实也是一种自我舒压的表现，"起码我并没有放任自流，我还是做了些什么的，这样我才不至于被认为是失职的父母"。这个时候，孩子的真实状况和需求已经很难被看见了，阻挡在前面的是父母自身的焦虑情绪。

焦虑的抚养者会不自觉地在日常生活中流露出这样的态度。比如和身边的人交流时，把"唉，孩子还不会说话"挂在嘴上，不管是不是当着孩子的面；再比如态度摇摆不定，一会儿在孩子用动作眼神提出需求时，习惯性地迅速反馈，一会儿又想起别人说的"你不要那么配合孩子，这样孩子永远也不会想说"，于是又拒绝回应，非让孩子开口才肯满足孩子，但是这样的做法往往又会给抚养者带来挫败感（因为孩子仍旧不开口），同时孩子也会感到混乱，因为大人的反应前后不一致。

还有一种较为常见的观点是，从孩子出生时起，抚养者就要不断地对孩子讲话，不管是对孩子做什么（比如换衣服、换尿布），还是带孩子出去时告诉孩子"这是汽车、那是楼房",倡导这种行为本身并无问题,因为孩子确实是在浸泡式的语言环境中不断吸收和学习的,问题是抚养者的情绪。有的妈妈因为了解到多对孩子讲话可以让孩子早点学会说话,就带着"我不这么做就会耽误了我家宝宝"的恐惧,或者"这么做了也许孩子的语言天赋就会好一些"的期待,又或者"这样我可以和其他人分享成功经验,证明我是个努力学习育儿知识的妈妈"的执着……总之,和孩子交流沟通的过程中,脑海中有很多这样的杂念,而不是沉浸于当下纯粹和孩子在一起的快乐,那么妈妈关注的就不是孩子本人,而是关注自己的念头了。这些念头最终可能会在现实中碰壁,带来各种各样的情绪,反过来激发妈妈不好的体验,明明是妈妈因为自己的思维而感受到的不安和焦虑,但是妈妈可能会认为这些情绪是孩子带来的,这对情绪敏感的孩子来说,确实很容易成为语迟"替罪羊"。

同样的道理,在"要不要快速响应不会讲话的孩子的眼神和手势需求"的情形下,马上满足也好,故意慢一拍等孩子自己说也好,关键的问题不在行为层面,而在于抚养者此时内心的情绪。只要大人的情绪是平和的、统一的、稳定的,孩子会把关注点放回自身,用于自身能力的发展;而如果大人的情绪是焦虑的、前后矛盾的、忽冷忽热的,那么孩子有限的注意力可能都要被用来关注这个变化无常的环境,留给自身的"带宽"则越来越窄,自然在各方面表现得差强人意,能力发展落后于同龄人。

三、不知怎的，语言的秘密突然被揭开了

《假如给我三天光明》的作者海伦·凯勒，是一位从1岁起就因病丧失了听觉和视觉的人。她的家庭教师安妮·莎莉文老师为了教会她写字，拉着她走到水井旁，一边让一滴一滴的井水流淌在她的手上，一边在她手心里反复写"WATER（水）"这个单词。终于有一天，好像一道光芒照进了小海伦的心里，她后来在书中描写到："不知怎的，语言的秘密突然被揭开了，我终于知道水就是流过我手心的一种物质。这个字唤醒了我的灵魂，给我以光明、希望、快乐。"

当我们跟随海伦·凯勒的脚步去回顾这个过程，就不难想象，也许我们都在自己的早年生活中经历过类似的瞬间，语言的光芒照亮了无意识的黑暗，我们开始领会这些特定规律的字词和句子是怎样描述自己的需求与心情的，又是怎样令别人明白我们的意思的。也许有的孩子可以在某个时间点理解这一点，而有的孩子则需要一段相对较长的时间。但无论如何，即使我们使用了许多的方法去叩响那扇大门，但真正能够让门打开的关键因素，仍然取决于孩子的心智发展水平，也就是孩子是否真正做好了准备。

能够从这个角度去思考和理解孩子讲话晚这个现象，父母们将会以更加平和、接纳的心态来面对孩子，这样的情绪本身也会为孩子减少压力，更容易放

松，而不是把"不说话"当作一种责备和负担。

　　反过来说，语言作为儿童能力水平的一种体现，这本身无可厚非，但是语言本身也具备一定的局限性。举例来说，在我们知道某个东西叫"巧克力"以前，如果我们要记住或者表达这个东西，需要调动很多记忆和想象，比如它的味道、触感、形状、颜色……这是一个综合和立体的系统工程，极大地丰富了我们的感官。而当所有这一切都凝结为"巧克力"这个词的时候，确实带来了效率和方便。但是也因为日常生活中繁杂的事情太多，我们的大脑资源很快就被其他事物占据，而对"巧克力"的整体感受就被这样一个词语所代替了。

　　孩子在掌握语言以前，就是靠大量的形象记忆来消化信息和理解这个世界的，这个能力即使孩子长大成人后也会部分地得以保留。比如当有人提到"柠檬"，我们会在脑海中浮现柠檬的形状和样子，可能有时口中还会分泌唾液；或者当我们阅读小说，跟随作者的语言进入某个场景时，那个场景似乎栩栩如生地在我们的脑海中浮现出来。这其实就是"意象"的能力，我们可以把它理解成为一种"前语言期"的能力。孩子"不说话"并不是孩子的大脑在闲着，而是在一刻不停地处理各种各样的信息，只不过转化和解码的方式和成人不同而已。

　　另外一种比较常见的观念是孩子还不会讲话或还没有记忆，就是还"不懂事儿"，不算是一个社会意义上的"人"，所以有时我们会看到父母当着幼小的孩子的面吵架，或者大人讲话的时候不避讳还不会说话的孩子。其实这是一种误解，因为哪怕是刚刚出生的婴儿也具备情绪感知和反馈的能力，只是我

奔跑吧，爸妈
——心理学工作者的人格教育实践

们作为习惯于被理性和语言武装大脑的成人，比较容易忽视这一点罢了。也许孩子记不住也说不出来，但不等于孩子在无意识中不会留下痕迹，有时我们会说某些性格是"天生的"，这里面当然有基因的决定性因素，但还有一部分所谓"天生"，很有可能是在我们还是一个婴儿的时候，抚养者与我们的互动模式刻印在无意识中而形成的。

比如婴儿主动向妈妈微笑，寻求情感互动的时候，妈妈面无表情，或者正在玩手机没有发现孩子的表达，这就给婴儿造成一种"这个世界是冷漠的、无情的，我的正面表达不会得到同样级别和温度的回应"的感觉，这种状况长期重复的话，可能就会被内化为一个"真理"，从而发自内心地去相信它。我们发现身边有一些人无论如何就是难以相信别人，或者就是没办法真正地去依赖别人，这不是在头脑或理性层面上的问题，而是他早年的母婴关系模式所决定（或部分决定）的。

总而言之，大人们习惯性地不把"还不会讲话的小宝宝"当人来看待，所以有意无意地造成了多少伤害，几乎难以统计了。不仅仅在孩子说话早晚这件事上，还包括其他的事情，在孩子开始进入"Terrible Two"（可怕的2岁）的阶段时，无论孩子是否已经开始能够表达自己，都需要父母开始关注这个小小的、正在形成的自我，而恰恰是因为这个"我"的概念逐渐在孩子心中成形，孩子才表现出作为一个独立的个体的自主权与存在感，开始从小婴儿时期和母亲的一体感中脱离出来，意识到"我"有着自己的想法和意愿，不同于其他人。所谓的"Terrible Two"可能不仅仅指2岁，而可能覆盖从1岁多到3岁多的一个较长阶段，实际上不管是讲话还是自我形成，每个孩子的进度都不同，这也就是教育的个性化原则所在。很多父母发现孩子虽然不肯开口讲话，但是大人说的孩子都能听懂，所以愈发觉得"你是不是故意不说"。实际上如果抱有这种心态，很容易加剧言语态度上的责备倾向，而对一个不会说话但能听懂意思的孩子来说，被责备仍旧是会带来情感负担和不良感受的，前面反复强调不能因为一个孩子不会讲话就"不把孩子当人"来尊重，就是指这件事情。

四、孩子都快 3 岁了，还不讲话，怎么会不担心呢

有的父母可能会说，我能接受孩子讲话稍微晚一些，但是如果别人家的孩子 1 岁多就会讲话了，而我们的都快 3 岁了还不讲，怎么会不担心呢？有儿科医生说讲话是非常依靠小肌肉群来调整细微发音的，也有一种说法认为如果 3 岁的孩子还没有学会讲话，小肌肉群就得不到锻炼，以后讲话就会像聋哑人那样总是说得怪怪的，怎么办？

首先需要排除医学上的风险，就是由专业的医生鉴定孩子不说话不是由于生理病理因素所引起的。这里特别需要提醒的是关于自闭症、语言障碍、发育迟缓等情况的诊断，因为这些问题中多少都包含了语言能力落后的现象，需要专业人员进行区分。简单的鉴别方法是，孩子用动作和人进行情感交流的能力如何？是否愿意与人进行眼神对视？是否除了讲话以外，其他各项能力发展都符合一般水平？如果以上答案都为是的话，家长也不用过于担心自己的孩子患有自闭症，毕竟这是小概率事件，而且确切的诊断需要同时符合多条诊断标准，可以寻求专业正规医院进行诊断。

与此同时，需要提醒的是关于自闭症的误诊，这一点尹建莉老师在《最美的教育最简单》一书中有专门的论述，大体内容是很多时候我们会觉得身边被诊断为患有自闭症的孩子越来越多了，康复治疗机构好像也越来越多了，

第一部分
人格教育理论

这其实并不是一个孤立的现象，而是有背后的经济动因（诊断、治疗、康复机构为了商业利益而人为地"制造"出更多的自闭症患者）。同时，很多看上去的"自闭"，可能是由于抚养者早期的不良互动造成的，比如前文提到的冷漠回避型的妈妈、奉行"孩子不听话就要惩罚"的父母、坚信"家里一定要有一个孩子怕的人"的家长等等，因为他们自己树立的就是站在孩子对立面的权威者形象，加上身边没有可以真正理解孩子、看见孩子的情绪、温柔抚慰孩子的人，那么，孩子选择退缩回自己的世界几乎是仅剩不多的选择之一了。

同时，被贴上"自闭症"的标签，从另外一种程度上也可以理解为获得了一种保护。原来是"难抚养的孩子和焦虑暴躁的父母"，现在是"患儿和患儿家属"。就像人们都相信"熊孩子背后一定有一个熊家长"，原来的过错方现在因为自闭症的诊断而变成了令人同情的弱势群体，家长在抚养中的责任一定程度上被摘除了，因为人们会认为"他们也无能为力，孩子生了这种病，他们也不想的"。实际上，除了少数的纯遗传或生理因素，很大程度上的自闭倾向及行为和抚养者的养育有关。自闭症的治疗往往也是只针对孩子进行的行为训练，抚养者很少反思和省察对待孩子的养育方式。

很多自闭症康复机构并没有科学有效的治疗方案，只是一些自闭症儿童的家长自发成立的机构，使用的训练方法往往也未经科学验证，只是一味重复一些简单的练习（比如整整一个下午就对着一支笔翻来覆去地说"笔"），这样的"治疗"哪怕是对身心健康的儿童而言都是巨大的伤害。也许，治愈自闭症唯一有效的途径并不是如何训练孩子，而是训练家长，让家长成为有效回应孩子情感、共情和同理孩子的"治疗师"，而不是花钱把孩子送到一个家庭以外、远离父母、亲人的陌生环境中去。

这类似于医学上的"医源性损伤",比如为了治疗肿瘤而进行手术,那么手术留下的刀口就可以被认定为医源性损伤,同时这也是以治疗为目的但合乎技术、法律和伦理要求的有限而必要的损伤。同时,由于人体的复杂性,治疗方案中的哪些部分是合理的损伤,哪些是医疗事故,也存在定义模糊不清的状况,比如在肾切除手术中,明明病灶在右肾,却切除了健康的左肾,这就是原本以治疗为目的,但是却带来了不必要损害的例子。放在自闭症治疗这件事上,就是先有居高不下的误诊率,然后又有良莠不齐的康复机构,再加上父母对待这个问题的理解误区,共同造就了一批原本健康,但却被所谓的"治疗"伤害的孩子。

目前,市面上也出现了一批专治语言障碍的言语治疗师及机构,专门"治疗"儿童说话晚,里面的术语看上去也很高深莫测,像"听觉障碍、咀嚼障碍、吞咽障碍、构音障碍"等,训练方法也和治疗自闭症同出一辙,比如让孩子含着一个塑料器具进行发音训练,而真正的"疗效"如何,很难分辨。回到前面所说的"训练决定论",其实从心理的层面来说,也是父母更愿意选择相信"这件事我是可以掌控的,我不是无能为力的"这种思绪在作祟,从而催生出许多利用这一点的商家,利用父母内心的焦虑和不甘,打着"口腔肌肉训练""康复"的名义招徕顾客。毕竟,花钱治疗孩子容易,但是发自内心承认自己养育方法需要改进太难。如果我们真的想让孩子少受罪、家长少花冤枉钱,也许是时候把着眼点从改造和训练孩子身上转移到父母自身了。

五、爱因斯坦综合征

对于说话晚这一现象,还有一种说法叫爱因斯坦综合征(Einstein syndrome),来源于据称爱因斯坦本人童年时期就很晚才开口讲话,一般用来指智力超常儿童说话明显晚于正常儿童这一现象。但是,如果我们深究这一概念的来源,却发现它是被一位名为托马斯·索维尔(Thomas Sowell)的经济学家杜撰的一个词,既没有大规模的医学实验论证,也没有疾病手册对这一"病症"的定义,但却被冠以"XX 症"。也有一种提法是"晚说话的孩子聪明",中国俗语中也有"贵人语迟"的说法,但这是否存在相关性?听上去好像有种"欲扬先抑"的赞许潜藏在其中,可以成为父母聊以自慰或者彼此恭维的一种客套:晚几天说话不要紧的,孩子长大了会更有出息、更聪明!

在这件事上需要抚养者更有平常心,选择相信什么样的教育理念,也从侧面反映出父母"批判性思维"的能力大小。遇到一些乍看上去有些道理的说法,可能只要稍微追问几步,就能够避免落入偏听盲信的陷阱。比如,前段时间在网上有一种说法非常流行:"美国心理学家发现,一个人能够取得成就,20%取决于后天的努力,80%取决于他的父亲。"首先,这位美国心理学家到底是谁,这个发现出自哪篇论文,无从考据;其次,如何定义"成功"?年薪80万算成功?那年薪79万呢?35岁时达到这个数算成功,还是45岁时算成

功呢？这个20%～80%有零有整的数字又是通过怎样的统计学方法得出的呢？后天努力＋父亲的抚养已经占据了100%，那母亲的抚养呢？孩子所处的社会阶层、环境、老师和同学的影响呢？

这样追问下去，估计会让谣言无所遁形。其实也不难理解为什么这样的说法会兴起，主要还是在中国社会的亲子教育中，父亲的严重缺席已经成为大家的共识，所以这样的言论一出来，很容易击中我们的潜意识，于是我们不由自主地又把这种认同传递出去，击中更多的人。许多流行的育儿理念，可能就是这样被传播开的。而身为父母，遇到这些说法时多想一想，多"打破砂锅问到底"，自己的孩子受到错误理念影响的机会就会少很多。

说话晚的孩子更聪明，这当然是一个美好的愿望，可是"聪明"也是一个十分概括和笼统的概念，如果我们在意这样的说法，可以停下来看一看自己的内心，如果因为"孩子怎么还没有达到我期望的样子"而焦虑不安，那可能真的是我们自身的问题。举例来说，"两岁半还不会说话"会被认为是一个问题，而"两岁半还不会前滚翻"则不会有人去在意这件事，因为这个能力不像语言能力的影响那么明显和深远，但从孩子的角度来说，并不会因为这个用处大、那个用处小而选择性习得，完全是依靠孩子的天性和能力发展阶段来展现的。父母需要遵从孩子自然的发展规律，守护并且帮助孩子，而不是根据自己的意愿和要求来安排孩子，这样的结果往往令双方都更加痛苦，没有回旋的空间。真正的放手要考验的是家长，而不是孩子，孩子受到内心中精神胚胎的指引，会天然地向着真善美的方向生长，希望父母可以成为园丁一样的守护者，而不是肆意破坏孩子的成长节奏，还沉浸在自我陶醉般"育儿有方"的优越感中的人。

  语言是一项综合的能力，也是人类最重要的能力之一，希望我们能够对这样的复杂与理性保持敬畏之心，静待孩子们按照他们自己的脚步接近这个领域，并最终收获可以持续受用一生的宝藏。

奔跑吧，爸妈
——心理学工作者的人格教育实践

修炼"无我状态" 积极倾听孩子

海 心

第一部分
人格教育理论

作者简介

海心 家庭教育导师,新浪微博知名育儿博主。国家二级心理咨询师,北京大学临床心理学在读硕士研究生,企业特聘讲师,深圳心理咨询行业协会亲子教育专业委员会委员,同时也是两个孩子的妈妈。

她专注儿童心理学、家庭教育、情商管理知识领域的研究超过10年,致力于影响1000万个家庭走上智慧育儿和自我成长的道路。她擅长育儿课程讲授、亲子关系修复指导、家庭教育诊断及咨询、妈妈(女性)情绪管理及个人成长教练,近年来她记录在案的咨询工作文稿已超过200万字。研发的系列课程包括"28天逆袭,成为不发火父母"训练营、"遇见你的'神奇小孩'"自我成长营、"'看见自己'情绪"打卡营,以及和香港第一自媒体人Spenser合作的"高情商父母的亲子沟通术"等等。

海心的教育理念是:女性只有先成为自己,令自己有足够的"爱的能量和感觉",才有能力看见和滋养孩子;关系大于教育,任何时候,都应先关注亲子关系的质量,再来谈教育;高质量地陪伴孩子、理解孩子的本真、接纳孩子。这些,本身就已经是足够好的教育。不放弃自我成长、重视亲子关系、做真正懂得孩子的妈妈,必能成为温尼科特笔下"足够好的妈妈"。

她的教育理念得到无数妈妈的认同和支持,无数妈妈开始走上自我学习、自我接纳、自我成长的道路。

奔跑吧，爸妈
——心理学工作者的人格教育实践

一、你是否也在被亲子沟通障碍所困扰

在带领亲子工作坊的时候，我经常被家长们问到这几个问题："孩子不听话，怎么办？"，这类问题通常集中在3～6岁孩子的父母身上；"孩子很少和我说他的事，怎么办？""为何孩子不爱和我讲话？""我和孩子聊天时为什么总感觉不在一个频道？"，这类问题通常集中在6岁以上孩子的父母身上。

我把它们统称为"亲子沟通障碍"类问题，对那些正在受这类问题困扰的父母，我总是先反问他们："第一，当孩子向你开口的时候，你认真听孩子说话了吗？第二，你和孩子的关系足够好（好的定义：互相尊重、彼此信任、人格平等）吗？"实际上，这两个问题就是"孩子不听话""孩子和父母没话说"的症结所在，沟通障碍的症结并不在孩子身上，而在父母身上。希望孩子听父母说，首先父母要听孩子说。亲子关系越好的家庭，孩子更听话。

通过对上百对父母和孩子的沟通模式进行细致的观察和总结，我发现父母习惯于使用几种典型的沟通模式，我将它们归为三类：

第一部分
人格教育理论

1. 说教大师型（说教型父母）

 例1

> 4岁的晴晴在幼儿园参加完礼物交换活动，回家高兴地对妈妈说："妈妈，你看我换回来的礼物，是一个很可爱的橡皮！"妈妈大惊失色道："天哪，女儿，你吃亏了知道吗，你带过去的发夹，值100多块钱，但是你换回来的橡皮，顶多才10块钱，也太亏了！"晴晴噘着嘴走开了。妈妈觉得很困惑，心想，我说你两句，你就不高兴了，你这孩子，真是太不听话了。

2. 惯性否定型（否定型父母）

 例2

> 5岁的滔滔放学回家，气鼓鼓地说："哼，气死我了，今天皮皮抢了我的贴纸，我狠狠地给了他一拳。"爸爸眉头一皱，说道："你就知道生气，还打人，你除了生气和打人，你还会干什么!？我没有你这样野蛮的儿子！"滔滔一听这话，更委屈了，哇的一声哭了起来，爸爸发火了，"怎么了，说你两句你还不乐意？你这孩子，真不听话！越来越难管！"

129

3. 建议爆棚型（建议型父母）

 例3

> 7岁的妞妞嘟着嘴和妈妈讲："这个礼拜学校组织去植物园，老师竟然把我和林凡凡的座位给分开了！"妈妈笑着对妞妞说："没关系呀，宝贝，你再去和老师说一下，说你想和林凡凡一起坐，不就行了吗？"妞妞："可是老师说了，这次所有的小朋友都要和隔壁组的同学坐，不能和同组的同学坐呀（妞妞和林凡凡是同组的小朋友）！"妈妈："哦，原来是这样，那你就先按老师安排坐，下课后再和其他小朋友换位置呗。"妞妞急了，"妈妈你听我说！老师说了，不能和同组的小朋友坐！"妈妈一听糊涂了，我这不是给了解决方案了吗，孩子怎么还跟我急上了呢!？

这三个例子都是工作坊的父母提供的真实案例。这些父母坦言，不知道自己哪句话没说对，不是孩子莫名其妙地闹别扭，就是谈话不明原因地不欢而散，他们感觉和孩子沟通很费劲。可能这部分家长并没有意识到，是他们自身的问题导致了这些不愉快的沟通，他们已然充当了"谈话终结者"，而这些令人费解的沟通障碍，无一例外不是在"倾听孩子"方面出了问题。

二、孩子为何需要父母的积极倾听

父母都希望孩子和自己无话不谈,也渴望亲密无间的亲子关系,何以就成了"谈话终结者"呢?这些受困扰的父母也表示,自己有认真听孩子说话,那么到底是哪里出问题了呢?

高效的沟通者首先是一位优秀的倾听者,而我们提倡的"积极倾听",正是顺畅且高效沟通的前提和基础。孩子需要父母的倾听,而身为父母的我们到底需要倾听些什么?弄清楚这个问题至关重要。

父母不仅要对孩子的"表面言语"进行接收,还要对他们言语背后的"潜台词"进行"翻译和解码",这正是父母常忽略的部分。他们认为倾听不难,很多人不以为然,"倾听不就是听孩子说话吗?"。殊不知,绝大部分在沟通中觉得有困难的父母,他们仅仅只关注到了孩子的"表面言语",而孩子言语背后的"潜台词"中,还有"情绪、需求、问题"需要父母积极倾听,而这部分往往才是一场谈话的核心所在。

因此,积极倾听和消极倾听(沉默以及被动接收说话者的表面语言)不同,它要求父母不仅仅是简单地倾听,也不是仅针对孩子的表面言语进行回应,而是要求父母透过现象看本质,通过细致的观察和分析,提炼出孩子言语背后的"潜台词"(通过下面的例子我们可以清晰地看到三者的区别)。在一些复杂的情形下，积极倾听也意味着父母需要具有抽丝剥茧提炼出核心问题的能力。在父母希望鼓励孩子向自己陈述更多信息、帮助引导孩子解决问题的时刻，使用积极倾听是非常棒的选择。它是一种高效的倾听方式，也是父母的一项重要能力。

 例4

消极倾听

6岁的琦琦（生气地）："爸爸，我今天不想吃晚饭了！"

爸爸说"哦"或者沉默。

直接针对表面言语回应

6岁的琦琦（生气地）："爸爸，我今天不想吃晚饭了！"

爸爸："那怎么行呢？不吃饭会饿肚子的。"

积极倾听

6岁的琦琦（生气地）："爸爸，我今天不想吃晚饭了！"

爸爸："看来有什么事情在困扰你，以至于你连晚饭都没心情吃。"或者："看来你确实很生气，以至于你连晚饭都不想吃了。"

为什么孩子特别需要父母的积极倾听？为何积极倾听并不如我们想象的那般容易？

孩子是一个不同于成人的特殊群体，6～8岁前的孩子，他们的"理性脑"（掌管理性思考、语言表达）的发展远远迟于"情绪脑"，他们依靠"感觉""体验"（也就是"情绪脑"所支配的部分）来学习，在表达能力以及陈述方式上，孩子和成人有着巨大的差别，对于自己的需求、感受和想法，孩子不可能像成人所期待的那样，能够用理性、客观、清晰、直接的语言来描述和表达。也正因为如此，孩子们的表面言语背后，通常还包含着一个"渴望被理解的情绪"，或者是一个"希望能实现的需求"，还有可能是一个"需要被解决的问题"，这就是上文所说的"潜台词"，这些"潜台词"需要父母仔细聆听并提取出来。

一旦父母不能体察孩子的处境、准确识别和提取孩子表面言语背后的"潜台词"，孩子很可能会通过"变本加厉"地闹情绪（愤怒、大发脾气）或者"顾左右而言他"（说一些大人看起来莫名其妙的话语）的方式来表达自己，因为他们暂时还不具备理性地向父母表达"我渴望你的理解、我希望你听我说话"的能力，这些看起来不可理喻的表现正是孩子以他特有的方式在表达情感，呼唤父母的理解，而父母如果仍不能正确看待孩子的行为，可能会给孩子贴上"不讲道理""难以管教"等标签，并继续把"沟通障碍"演变得更加难以调和。

让我们回顾上文中的前三个案例。

例1中，晴晴渴望和妈妈分享她交换礼物的喜悦，她的潜台词是"我很开心"，她渴望和妈妈分享愉悦的情绪，可是换来的不是妈妈的理解，而是责备和说教。她内心的喜悦，如同被淋了一大盆凉水，彻头彻尾地被浇灭了，她带着失望的情绪"噘着嘴走开了"。如果妈妈总是用说教回应女儿，无形中就挫伤了孩子分享的积极意愿,也削弱了孩子的生命能量。孩子并不看重礼物的实际价钱,心中也没有"吃不吃亏"这样的世俗概念,妈妈也许希望"教"给孩子一些她认为正确的价值观,但恰好可能是这样的庸俗思维限制了孩子的发展。本来,孩童间的情谊和分享的喜悦是多么美好的东西,父母只需要去确认孩子心中的美好感受,表达深深的理解。如果这位妈妈懂得积极倾听,她可以说"我看看,这个橡皮真的很漂亮、很精致,你一定非常喜欢吧!"她也可以说"这真是一个漂亮精致的橡皮,你交换到了喜欢的礼物,真开心!"可是,大人们习惯了用固化的思维和世俗的观念去说教孩子、指导孩子,这样不美好的场景每天都在无数家庭中上演。

例2中,滔滔告诉爸爸他很生气并打了对方一拳,他的潜台词是"我真的相当生气以至于我都动手了"。可是爸爸完全不承认孩子的情绪,还认为滔滔是一个只会生气、打人以及"野蛮"的孩子,在这样严重的否定下,孩子的情绪不但没有得到理解,还受到了爸爸的责备。他用哭声表达委屈("早知道你不理解我,还责备我,我还不如不跟你倾诉呢"),换来的是爸爸更多的数落和批评。在不被理解和接纳的环境下,孩子怎么可能敞开心扉倾诉自己的需求和问题呢,孩子只会感受到"我不够好",这对于他的自我认知和评价的建构极为不利。可以想象,长此以往地如此沟通,待孩子再长大一些,估计爸爸会"收获"一个叛逆、不懂事的孩子吧。

例3中,妞妞的潜台词是"我很想和林凡凡一起坐,但是这个愿望现在实现不了,我很失望"。她的潜台词中有失望的情绪,也有需要解决的问题,但是这个问题是归属于她自己的,而不是妈妈的。在这场对话中,妈妈连续给出了两个建议,她发出的信号是"我不相信你有能力自己想出解决方案"。这样的沟通方式会让孩子感觉到自己很愚蠢,也难以帮助孩子发展出理性思考的能力和判断力。

儿童的发展特性决定了他们尤其需要父母的积极倾听,孩子言语背后的"潜台词"才是他们真正的心声,一旦父母精准地捕捉到了孩子的"潜台词",就和孩子的本真建立了联结,成功地打开了顺畅沟通的大门。

三、高效沟通的秘诀是"无我状态下的积极倾听"

美国著名的心理学家托马斯·戈登博士于1962年开发了"父母效能训练"（P.E.T.）课程，并在全球多个国家针对家长开设了培训课堂。在P.E.T.理论中，他指出："积极倾听能帮助孩子减少对负面情绪的恐惧，能够促进父母与孩子之间温暖的亲密关系，能够帮助孩子自己解决问题，会影响孩子变得更愿意倾听父母的想法和主意。"因此，"积极倾听是使孩子变得更加自主、更有自我责任感、更加独立的最有效的方法之一"。

可见，积极倾听不仅有助于高效沟通，对于培养孩子的独立性和责任感、建构亲密的亲子关系都有积极的作用。那么，如何成为优秀的倾听者？

提升积极倾听能力的关键在于修炼"无我状态"。"无我"的意思是在沟通时，不带有任何我的"判断、想法、主张、情绪"，它要求我们把内心的各种声音"清空"，以一个完完全全的"倾听者"的角色仔细、认真、全然地听孩子说话。保持无我状态，就能始终站在孩子的角度和立场去理解孩子，以平常心对待孩子，并不带评判地全然接纳孩子的想法。

在一场谈话开始的时候，孩子是愿意继续和父母沟通，还是只想快点结束这场谈话？这场谈话能进行到多深？是浮于表面的寒暄，还是直达内心的畅谈？这很大程度上取决于父母积极倾听的能力。一场畅快愉悦又高效的谈话，对于良好亲子关系的贡献绝对是不言而喻的。

孩子们欢迎"无我状态下的积极倾听者",他们非常乐意向这样的倾听者敞开心扉,因为在这里他们能感受到全然的接纳和理解。相反,一旦父母开启"说教、指导"模式,压力就会透过父母的言语传递给孩子,因为孩子是很敏锐的,他们能读懂父母的内心,他们会感到"我不被接纳""爸妈正希望做些什么来改造我"。

让我们回到上文中的例4,琦琦带着生气的情绪表达自己不想吃晚饭,显然,此时他的言语的背后有一个消极情绪,当然,可能还有一个待解决的问题(消极情绪的来源)。如果爸爸能够清空自己内心的声音,仔细地体察琦琦的处境,那么他一定不难发现孩子言语背后的潜台词(渴望被理解的情绪)"我很生气",进而爸爸可以说出琦琦的情绪,例如,"看来,你有些生气,以至于晚饭你都不想吃了"。这样的表达可以让孩子很清晰地接收到来自爸爸的接纳,当他感觉到"我的情绪有人能理解",他就有了进一步倾诉的意愿和动力。

下面这些理念和态度能更好地帮助修炼"无我状态":

(1) 孩子是独立的个体,他有自己的思想和主张,我不应该把我的价值判断强加于孩子;

(2) 我必须尊重孩子"解决自己的问题、为自己负责"的权利;

(3) 孩子需要成长,我愿意帮助和支持他们的成长和发展,但那绝对不是掌控和主宰;

(4) 我必须真诚地接纳孩子(情绪、愿望、想法),并愿意花时间听他说话。

　　理念和态度决定了父母们"无我"的诚意和深度，以上支持的这些理念和态度，意味着父母在沟通中能以更全然的"无我状态"和孩子的本真进行联结，并提炼出孩子真正想表达的内容（也许是一个"渴望被理解的感受"，也许是一个"希望被实现的需求"，也许是一个"需要被解决的问题"）。尤其是当孩子处于一个消极情绪中时，父母的积极倾听就显得更加重要和关键。

四、修炼"无我状态"四要件

(一) 克制

"无我状态"是父母们要努力接近的目标,修炼"无我状态"要求父母们克制自己的管教欲,超越自恋,从"权威者"的角色中走出来,并学会闭上嘴,让出舞台,给孩子充分表达的机会。只有自己做到"不说""少说",孩子才有机会多说。

在对话中,父母们总是忍不住跟孩子说很多,是因为父母们习惯了"权威者"的角色,固守在惯性思维中,也是因为"我是成年人""我懂得更多"的自恋,自以为是带来的成就感让我们不能自拔。但是,身为父母的你我都需要反思,我们的道理绝对"正确"吗?所有事情都能分出"对错"吗?所谓的"道理"和"对错",只不过是我们基于自身的逻辑和价值所做出的评判,往往它们还掺杂了成人世界中的功利心、庸俗观点、极端思维,并被所谓的"成熟"的外衣包裹着,它暴露的恰好是我们的局限。我们甚至会先入为主地认为孩子"不对",而歪曲和误解了孩子的理解和意识。我们能否始终提醒自己,我们并不比孩子强大?如果我们不能做到"放下自我,超越自恋",那孩子终究无法长成他自己的样子,无法真正成熟起来。

父母们总是善于拿着放大镜去看孩子的"不良行为",总觉得不抓住机会去教育孩子,将来孩子会出现这样那样的问题,所以急于纠正孩子。但理性成熟的父母需要学会以发展的眼光来看待孩子的成长,因为孩子是通过自己的体验、经历、反复的尝试和感受,以及不断调试行为,最终整合成自己的认知和经验,逐渐发展和成熟起来的。这个过程是自然过程,人为干预得越少越好。即便孩子们会做出一些"不当行为",但如果大人不允许孩子犯错,总是干预和说教,那就扰乱了孩子发展的节律。因此,积极倾听还要求我们对孩子多一些耐心,并信任孩子精神内核的力量,允许孩子自由发展。

(二) 觉察

很多父母承认,孩子一开口说话,他们自己的心里就已经有无数的声音了,要不就是各种评判,要不就是一堆说教,这些"教育的声音"具备可怕的力量,足以毁掉一场沟通,也会对亲子关系产生摧毁性的破坏。我在工作坊讲到"无我状态"主题的时候,有一位妈妈跟我分享了她实践的心得。

 例5

今年儿童节,我和女儿乐乐一起为她的小伙伴媛媛选购了一个小礼物,是一个很漂亮的存钱罐。媛媛知道后很开心,迫不及待地希望在周末来我家玩,看看她的礼物。谁知就在当天早上,女儿突然对我说:"妈妈,要不我们问一下媛媛,她要不要这个礼物?要是她不要,那就好了。"我一听女儿这话,心里有些发慌,紧接着我习惯性地想开口说话,但我想起"无我状态的四要件",于是我闭嘴了,安静下来并认真觉察自己,仔细聆听心底的各种声音。我心里的声音在说:"送给别人礼物不需要询问人家要不要,人家要不要是人家的自由,送不送是我们的事(说教);如果你承诺过送礼物,现在又不送了,那你就是一个不守承诺、言而无信的人(评判)。"我又觉察到自己的慌乱源于害怕别人认为我"培养"了一个言而无信的孩子。我克制住了自己的管教欲,闭上了嘴,轻声问乐乐,"是吗?妈妈想听听你的想法。"接着,乐乐告诉我,因为她也很喜欢这个存钱罐,也希望自己拥有一个同样的存钱罐。我这才恍然大悟。原来,觉察自己内心的声音真的很管用,我意识到自己太想要管教女儿了。让自己闭上嘴巴,鼓励女儿向我说更多,孩子很快就告诉了我她的想法,原来她只是希望也有一个这样的存钱罐。得知了真相,我释然了,意识到原本自己内心的声音是多么的愚蠢,孩子的需求再正常不过,如果我当时脱口而出一顿说教,就真的伤害了孩子,也破坏了亲子关系。

这位妈妈通过自己的领悟,成功实践了"觉察",倾听自己内心的声音,并深深意识到这一切的声音都和孩子无关。正如这位妈妈一样,父母如果能保持一定的觉察力,在这些"教育的声音"即将迸发出来的时候,马上意识到这一点,就向"无我状态"又迈进了一步。

（三）放下

提前觉察到自己心里"教育的声音"，就能意识到其实自己的心中充满了预设和期待，带着这些预设和期待去和孩子沟通，这场对话就不可能平等，就会演变为满足父母"自恋"的舞台。可以想象，如果孩子在此后的对话中表达的意思不符合父母的心意，那么父母必定会大失所望，然后通过各种说教让孩子妥协、听话，接下来的对话又怎么可能顺畅又愉快呢？

例6

7岁的阿福放学回家，告诉爸爸："下个月我们学校组织和福光小学进行围棋友谊赛。"爸爸知道一些积极倾听的技巧，他忍住了一开始就发问，他说："哦？这是你进入小学以来，你们学校第一次组织友谊赛，听起来挺有趣的。"阿福说："但我不想参加。"看起来阿福的情绪有些低落。如果阿福爸爸对积极倾听的技巧有深入的理解，他会说："哦？看起来你有点不开心，这和比赛有关系吗？愿意和爸爸说说吗？"可是在阿福爸爸心里，他认为孩子学了两年围棋了，这次友谊赛是个很好的展示机会，他觉得阿福应该去参加，所以，听到阿福说不想去，他的心一下子沉到了谷底，他问："为什么不想参加呢？"阿福说："不想就是不想。"说完，阿福跑回自己的房间，并关上了门。

为什么阿福拒绝跟爸爸沟通呢？因为爸爸心里对孩子参赛这件事有预期，虽然他嘴上没说，但他的表情神态"出卖"了他，孩子天生具备捕捉家长的微妙变化的敏锐能力。这种沟通模式并不是一天产生的，在过去的7年里，爸爸已经发展出了这样的沟通模式。我们假设，如果阿福说"我不想参加，是因为我觉得自己下棋下得还不够好"，那么爸爸是不是又会继续说服阿福，告诉他"下得不好，没有关系呀，只是去锻炼一下自己"，直到说服成功为止。在这个沟通过程中，阿福的想法、需求、情绪有真正得到倾听和尊重吗？

在心中预设答案、抱有预期，会让父母失去本可以帮助他们看到事情真相的智慧，失去走进孩子内心的钥匙。保持"无我状态"就是要让孩子丢下心理包袱，而我们要做的，就是放下预设的答案和心理预期。

（四）同理心

孩子的话语信息里，通常带有一些情感，无论是开心、喜悦，还是懊恼、愤怒，他们只是在尝试向最亲密的父母表达自己的情感。这是多么好的机会让我们可以更加深入地去了解我们的孩子，我们应该感激并珍惜孩子对我们的信任。父母能否准确地感受到他们的情感、精确地说出他们"表面言语背后真正所想表达的内容"，决定了他们是否愿意敞开心扉，把想法和感受深入地倾诉给父母。而父母一旦做到了，亲子关系就会变得更加理想，同时也帮助了孩子在培养思考力和判断力方面打下了更好的基础。

父母们在倾听孩子时，要带有温情和爱，尽可能地去贴近孩子的感受，运用同理心来共情孩子。如果不是这样，那么倾听就会变成一种纯技巧性的卖弄，孩子对于这类"不走心的假性接纳"可是不会买账的。

这些句式有助于表达你的理解和同情，例如，"你的意思是说……""我明白你的感受""我理解你""的确是这样""我也这么认为""你一定很难过（或其他能表达孩子当时情绪的语词）吧""我看出来你很沮丧"等等。

如果我问"你爱你的孩子吗？"相信没有哪个父母会说不爱吧。可是真正的爱是什么？

真正的爱不是期待和改造孩子，使其成为"理想的孩子"，试图让孩子变得"更好、更听话"，而是看见真实的孩子、听见孩子的心声。真正的爱，是接纳对方的本真，爱对方本来的、真实的样子。爱孩子，就要"如他所是"，而不是"如父母所想"。这个爱的过程，就是带着"无我"，全然地和孩子本真相遇和联结的过程。而"克制（管教欲）、觉察（内心的声音）、放下（预设和期待）、同理心（共情孩子）"正是修炼"无我状态"的四个关键要件。

五、坚决不踩雷区

以下是一些无效的沟通方法，我把它称为"积极倾听的雷区"。如果说上文写到的四要件归属于"理念"层面以及"父母要做的"，那么下面提到的"雷区"就是属于"实践"层面以及"父母不要做"的内容。

（一）评判

对孩子的行为、言语、人格特质，或者对事件本身进行评价和判断。

 例7

> 女儿："妈妈，今天李晓宇找我借铅笔，我没借给她，她一定生我气了。"
>
> 妈妈："不会吧，借不借本来就是你的自由啊，我觉得你想多了，你太在意别人的看法了。"

（二）建议

给孩子提供具体的解决方案或提议。

 例8

> 儿子:"爸爸,今天要带圣诞礼物去幼儿园,但是我还没有准备。"
> 爸爸:"小事一桩,儿子,老爸上次不是给你买了一盒巧克力,我记得你还没打开呢,要不你就带那个去?"

（三）推断

对事件的缘由、发展方向、人物想法进行推测和演绎,分析和诊断,解释和说明。

 例9

> 女儿:"妈妈,今天排练,我忘记穿统一的舞蹈服了。"
> 妈妈:"我觉得应该不止你一个人没穿,没关系的,老师不会介意。"

例 10

儿子:"爸爸,今天李涛打我了!"
爸爸:"那一定是你先动手的呗!"

(四) 否定

不认可、不承认、批判孩子的意愿、情绪、需求,乃至讽刺、嘲笑、羞辱孩子。

例 11

儿子:"妈妈,刚才我的脚碰到门框上了,好疼啊!"
妈妈:"轻轻碰一下,你就说疼,那门框又不是铁做的,怎么会那么疼呢?"

例 12

儿子:"今天李涛冒犯我了,我给了他重重的一拳!"
爸爸:"我怎么会有你这么一个不得体的儿子,你真像个凶猛的野兽!"

（五）说教

对孩子进行说服教育，责备、批评、命令孩子，常以"你得、你必须、你应该"开头。

例13

儿子："妈妈，弟弟抢我的玩具。"
妈妈："你是哥哥，你得让着弟弟点儿。"

（六）转移

用其他事物或话题转移孩子的注意力，回避问题，甚至反过来向孩子提问。

例14

儿子："今天真倒霉，下午茶的水果正好是我喜欢的蓝莓，可发到我这里就没有了。"
妈妈："哦，那让我们来说点开心的事儿吧！"

例 15

> 儿子:"我真的不想再去上幼儿园了。"
> 爸爸:"是什么让你如此讨厌上幼儿园?"

如果我们想培养孩子的独立思考能力,锻炼孩子为自己负责,那么一定要克制自己,避免踩到上述的雷区。

很多父母感到惊讶,原来在沟通中有这么多的话是不能说的呀,但是我们几乎天天都在这样跟孩子沟通。既然这些雷区不可以踩,那我们该说些什么来鼓励孩子对我们说更多?

让我们借上文中的例4来看看"踩雷区的倾听者"和"优秀的倾听者"分别是怎样表现的,这些沟通又会带来怎样的结果。

> 6岁的琦琦(生气地):"爸爸,我今天不想吃晚饭了!"
> 爸爸:"看来你确实很生气,以至于你连晚饭都不想吃了。"
> 琦琦:"是啊,我带过去的托马斯火车居然被王图图弄坏了,都不能玩了!真是气死我了!"

雷区 1

爸爸:"不能玩就算了呗,你也太小心眼了!"

爸爸踩了"评判"的雷区,被贴上"小心眼"标签的孩子充满挫败感,感到自己"不够好"因而无法令爸爸满意,能量会集中在爸爸的评价上,难以聚焦到自身的感受和问题上来。

雷区 2

爸爸:"弄坏了可以再修啊,来,爸爸跟你一起修好它!"或者"弄坏了没关系,爸爸再给你买一辆新的!"

爸爸踩了"建议"的雷区,给建议的爸爸,剥夺了孩子自己解决问题的权利。如果父母总是给孩子建议,孩子就难以发展出自己的思考力和判断力,一遇到困难和麻烦,就会习惯性地寻求父母(或其他人)的帮助。

雷区 3

爸爸:"他应该不是故意的吧?"或者"我猜,你有些小题大做了吧,会不会根本没坏,只是有一点点小问题呢?"

爸爸踩了"推断"的雷区,一旦倾听者对事情进行推断,就关闭了看见事实真相的大门,先入为主地形成了自己的判断和立场,很容易让孩子感到不被理解、不被接纳,这足以打击孩子"继续讲更多"的意愿。

雷区 4

爸爸:"不气不气,我们不生气。"(不承认孩子的情绪)或者"不是吧,这么一点小事也值得你生气?"(批判孩子的情绪)或者"同学的一点失误你

都不能包容，你将来还能包容什么其他事情？看来你真是一个被宠坏的小鬼。"（讽刺、羞辱孩子）

爸爸踩了"否定"的雷区，被否定对孩子来说意味着"在父母心中我是一个糟糕的人"，否定孩子会极大地降低孩子的自尊水平，打击孩子的自信心，可能在孩子还没来得及自己梳理好问题、整理好情绪的时候，就已经被父母的否定给击垮了。

雷区5

爸爸："琦琦，咱们必须大度点儿，玩具被弄坏是在所难免的，你说有哪个玩具会永远保持不被弄坏？不可能吧。你不要为这点小事伤害了和同学的情谊。"

爸爸踩了"说教"的雷区，这往往也是父母们最常踩的雷区。说教并不能让孩子成长，无法让他们的行为变得更加成熟，因为说教是成人硬生生地把自己的经验灌输给孩子，而孩子恰好是在感受和体验中自我学习的，使他们变得更加成熟的是"直接经验"，而不是父母传递的"间接经验"。

孩子往往十分反感来自成人的说教，可对此又无能为力，于是就常常有父母抱怨为何和孩子说道理这么困难，为何孩子不听话，也就不难想象孩子是如何在大量的说教声音中丧失了对父母的倾诉欲和信任感。

雷区6

爸爸："这事听起来确实令人不大开心，来，我们一起找点开心的游戏玩吧！"

爸爸踩了"转移"的雷区，转移孩子的注意力看起来是帮助孩子走出不良情绪,实际却是在教孩子如何逃避问题,这样,孩子的消极情绪没有得到接纳,问题也没有得到提炼和解决。

  这些雷区都是终结谈话的致命武器,一旦父母踩进雷区,就很难使孩子向他们倾诉更多。父母频繁踩雷区,挫伤孩子的沟通意愿,削弱孩子的价值感,亲子关系就是如此被一点点破坏了。而当孩子步入小学、初中阶段的时候,更有大量的父母反馈自家的孩子"叛逆",和父母的话越来越少,那是因为在日复一日的成长过程中,孩子逐渐关闭了向父母倾诉的大门。

六、积极倾听的技巧和方法

我们再借同一个案例来对比,一位优秀的倾听者是如何积极倾听孩子的。

6岁的琦琦(生气地):"爸爸,我今天不想吃晚饭了!"

爸爸:"看来你确实很生气,以至于你连晚饭都不想吃了。"

琦琦:"是啊,我带过去的托马斯火车居然被王图图弄坏了,都不能玩了!真是气死我了!"

爸爸:"哦,那个托马斯火车被你的小伙伴弄坏了,这让你很生气。"

(通过复述再次确认事实,并说出孩子此时的情绪,表达对孩子情绪的接纳)

琦琦:"就是啊,要知道,这是个新玩具啊!哼!"

(孩子的情绪得到了爸爸的接纳,于是进一步倾诉)

爸爸:"是啊,这个玩具是新的,你自己在家里玩的时间都还不长吧,这么快就被弄坏了,你肯定心里很不舒服,很心疼。"

(表示理解孩子的处境,并用同理心表达对孩子"生气"情绪的理解)

琦琦:"而且他都没有经过我的同意,就拿起来玩!"

爸爸:"他擅自动了你的物品,你不喜欢那样;你希望他在玩之前能先问过你,而不是问也不问直接就玩。"

(提炼出孩子的想法)

奔跑吧，爸妈
——心理学工作者的人格教育实践

琦琦："我再也不想看见王图图了！他是个没教养的家伙！"

爸爸："你觉得王图图不尊重你，以至于你都不想跟他玩了。"

（提炼出孩子的感受）

琦琦："我真的不想看见他了，是他弄坏了我的托马斯火车，托马斯火车现在坏了，我最喜欢的玩具坏了，呜呜呜呜。"

爸爸："你一看见王图图就会想到坏了的托马斯火车，你是那么喜欢这个玩具，现在这个玩具坏了，这让你非常难过。"

（对孩子的感受进行再次确认，说出孩子的情绪，不评判）

琦琦（哭了一会儿，冷静下来了）："那这个玩具还能修好吗？我可不想马上就把它丢了。"

爸爸："或者，我们可以试试看。"

（在孩子自己提出了想法之后，爸爸马上积极回应孩子提出的方案和想法）

在以上几轮沟通中，爸爸避开了雷区，在他的积极倾听下，琦琦的情绪得到了释放，并自己提炼出了困扰他的问题"玩具坏了，不能再玩了"。父母的接纳，是帮助孩子修复情绪的良药。当琦琦冷静下来后，他很快就回归到问题本身，做出自己的思考，并提出可能的解决方案"不想丢掉玩具，希望修好它"。

琦琦的爸爸始终保持了"无我状态"，没有带入自己的想法、主张、情绪，他只是做了这么几件事：

（1）确认事实；

（2）说出孩子的情绪状态；

（3）用同理心表达理解；

（4）提炼孩子的想法、需求或问题；

（5）反复确认孩子的情绪，表达对孩子情绪的接纳，不评判；

（6）积极回应孩子自己提出的建议和方案。

这六项充满建设性的回应方法，就是在倾听孩子时我们可以使用到的正面回应的方法。

同时，在回应孩子的话语时，我们还可以尝试使用如下句式，向孩子传递"我正在努力理解你的话"的积极信息。例如：

"你希望……"

"你更加愿意……而不是……"

"你觉得……"

"你的意思是……"

"你不喜欢……你喜欢……"

当然，在父母们没有积累足够的技巧和充足的实践经验以前，完全可以通过一些简单的话语来引导和鼓励孩子向我们倾诉更多，这些话语虽然简单，却很积极，它们足以给孩子传递信任和理解，给孩子更多的信心。例如：

"哦？真的吗？"

"我希望你能和我说更多。"

"你可以继续往下说。"

"我在听。"

"愿闻其详。"

"确实是这样。"

"然后呢?"

"我能理解。"

"我懂了。"

"我明白。"

保持"无我状态"积极倾听孩子,这使父母抽丝剥茧地帮助孩子澄清问题具备了可能性。问题的解决,或许不能在谈话的当下就发生,但积极的倾听,让问题的解决具备了无限的可能。父母的积极倾听,向孩子很好地诠释和表明了他们对孩子的理解和接纳。孩子从中获得了心理能量,而孩子的心理空间一旦被拓宽,就有力量和勇气直面属于自己的问题,进而调动全部的觉察力和判断力,得以回到问题本身上来进行深度思考,而不必耗费能量去对抗父母的"说教"和"否定"。

如果我们想要培养的是有独立思考能力和判断力、人格健全、独立、成熟、有主见的孩子,那么,修炼"无我状态"积极倾听孩子,就是父母们在沟通中需要学习的重要功课。尽管修炼很难,但仍值得我们为之努力。

第一部分

人格教育理论

花季有雨　青春无悔

林秀红

郭悦慈

作者简介

林秀红 现工作于深圳市卫生健康发展研究中心,副主任护师,国家二级心理咨询师。曾于深圳市计划生育服务中心工作二十余年,长期从事计划生育手术及其护理工作,参与深圳市青少年人格健康等项目。

近年来,主持"减压式人工流产术的临床研究"等省级科研课题,参与"青少年性心理与生殖健康研究"等区级科研课题,发表相关论文近 20 篇。作为讲师参与"阳光女工""家庭发展能力建设""幸福女性,健康行"等培训活动。擅长女性生理和心理健康、性与生殖健康、科学育儿、青少年保健及自我保护等。

郭悦慈 毕业于华中科技大学同济医学院,临床妇产科研究生;高级健康管理师、国家二级心理咨询师、生殖健康咨询师等。

早期从事妇产科临床工作,目前主要负责妇幼群体保健项目和妇幼安康工程项目的策划和实施、妇幼心理健康咨询和促进等工作。参与青少年性心理与生殖健康研究、深圳市人流术后心理关爱等若干重点项目。曾多次受邀为医生、教师、警察和学生家长开展心理或家庭教育讲座。

近年来,主持"青少年性心理与生殖健康研究"等科研课题,在各级杂志发表论文多篇,多次获得市、区等各级各类荣誉。擅长妇科疾病、避孕节育、心理健康、中小学生危机干预等。

海边，火一般的夕阳在燃烧。一群少年怀着对理想的无限憧憬，手拉着手，面向大海，激动地唱着："唱出你的热情，伸出你的双手，让我们拥抱你的梦，让我们拥有你真心的笑容……"

——小说《花季·雨季》

（注：《花季·雨季》是一部中学生自己写的小说，描写了青春期学生成长的故事。青春期，是一个人最灿烂的季节，有花季，也有雨季）

我是一位孩子的母亲，也是一位从事医护工作二十多年的医护工作者，同时也是一名心理咨询师。在我的职业生涯中，遇到不少未成年少女来做人流手术，并且低龄化趋势愈演愈烈。她们有的是家长带过来的，有的是男朋友陪着过来的，也有不少女孩是独自一人来的。

在她们身上，我看到了青春期的花季，也看到了青春期的雨季。

花季，有雨。

奔跑吧，爸妈
——心理学工作者的人格教育实践

一、我被青春撞了一下腰

例1

有一位女生，只有15岁，来到我这里时已怀孕7周。双方家长是世交，她和男友是同学，青梅竹马，两小无猜。在热恋中情不自禁偷吃了禁果。不久，女生出现强烈呕吐，发现自己怀孕了。女生的反常引起了父母的注意。在父母地逼问下，她忐忑地道出了实情。几经商量，双方父母都觉得自己的孩子年龄尚小，现在当父母为时过早，决定不要这个孩子。

女生一进手术室就问："医生，做手术疼不疼？"害怕的情绪写在她稚嫩的脸上，身体微微地颤抖着。

例2

一位临近高考的女生，穿着校服，背着书包，在妈妈的陪伴下来到手术室。

她在某中学上学，男朋友是刚毕业的大学生。两人谈恋爱2年，偷偷同居1年，近期她发现怀孕了。男朋友得知后，说要到外地发展，从此失联。

女生没办法，只能求助于母亲。如果现在把孩子生下来，女生很有可能就会变成单亲妈妈。母亲不想她走这条路，建议她做流产手术。

女生在手术过程中一直默默流泪，神情很伤感。手术结束后，她都没有回过神来，脸色苍白，甚至都没有理会我的问话。

或许，她还在想，此时此刻，她曾经的男朋友在哪里？曾经的山盟海誓在哪里？

例3

进门的是一位18岁的女生，打扮得很时髦，陪她来的是一位50多岁的男士。

女生一进手术室就问重复人工流产有什么副作用，会不会影响以后怀孕。这已是她第四次做人工流产手术了，在得知重复人工流产容易造成不孕后，她伤心地大哭起来，好像要把所有的委屈都哭出来。

原来，她的男朋友是在朋友聚会时认识的。他告诉她，他和妻子感情不和，正在闹离婚。如果她跟他在一起，他就会和老婆离婚再娶她。可是，同居了差不多2年，人工流产手术都做到第四次了，还是没有结果。

她不想再做人工流产手术，可又能怎么办呢？

例4

这是一位18岁的女生,已经怀孕7周左右。和其他要求做流产手术的女生不一样,她咨询的问题是:她能否平安地把孩子生下来?

她的男朋友是她的同学,家庭条件比较殷实,而她家境稍差些。女方父母知道女生怀孕的消息和男生的家境后,要求他们辍学、结婚。父母之命难违,他们只好奉子成婚,她心中忐忑不安,偷偷地跑过来咨询。

例5

送进手术室的是一位小学六年级女生,因为阴道大出血,被学校的老师送来急诊。

从进手术室修补阴道,到留院观察,女生始终一言不发,问她什么都不说。最后,在我们无微不至的关怀和心理干预下,她道出了原委:继父性侵和骚扰她已经一年多,平时在家经常用手指抠她的外阴阴道。

我问:为什么不告诉妈妈?

她说:妈妈是不会相信的,说了也没用。

原来女生的家庭比较贫困,妈妈没有工作,偶尔打些临工补贴家用,全部生活来源都是继父供给。平时继父说一不二,妈妈都没有反驳权。

例6

> 这是媒体报道的一篇令人心情沉重的报道。18岁,本应该是在大学校园里享受青春的美好年华,而苏州吴江的一位女孩却选择了结束自己的生命。这位花季女孩因为受继父长达10年的性侵和骚扰,于是写了一封遗书给自己的亲生父亲后自杀。
> ……

像这样的案例还有很多,据650例首次性生活年龄统计,18岁以下的占33.7%,其中年龄最小为12岁①。109例做人流的学生中,79%来自普通高校,21%来自普通中学②。在有重复人工流产史的女性中,34.6%的首次流产发生在20岁之前,年龄最小为15岁③。在未婚先孕的人群中,学生109例(17%)。在隋双戈④等人写的《城市女性遭遇性侵犯的风险因素》调查报告中,采样的946人中,223人有被性侵犯的经历,占总数的23.57%。其中,

---

① 郑晓瑛、陈功等:《中国青少年生殖健康可及性调查基础数据报告》,载《人口与发展》2010年第3期,第2-16页。
② 甘玉杰、林霞、齐青萍:《650例未婚人工流产女性生殖健康状况及需求调查分析》,载《中国计划生育和妇产科》2011年第3期,第56-59页。
③ 任姗姗、庞成、何电等:《我国三城市未婚女青年人工流产后服务需求调查》,载《中国计划生育学杂志》2012年第3期,第179-182页。
④ 隋双戈、陈柳月、袁晓飞等:《城市女性遭遇性侵犯的风险因素》,载《中国心理卫生杂志》2011年第11期,第840-845页。

被性骚扰的有 188 人，被强奸的有 53 人，其他被猥亵、被企图强奸、被性侵犯的共 76 人。

在这些冰冷的数据面前，如何让青少年平稳地度过青春期、拥有美好的花季，确实值得大家共同关注。我们作为医务和心理学工作者，又能为他们做些什么呢？

她们为何会经历青春期流产之痛？

从医二十多年中，我帮育龄女性做了数万例的人工流产手术，其中不少是正处在青春期、未婚先孕的女生。经过深入的了解，我发现导致她们婚前性行为及未婚先孕的原因，归纳起来有以下三种：

第一种是自由恋爱，懵懂无知，或禁不起物质诱惑或诱骗，偷吃了禁果，进行了过早的性行为，又没有采取避孕措施，致意外怀孕。

第二种是从网络、期刊或是同学中了解了一些性相关知识，存在侥幸心理，认为一两次性行为不可能中招，或是对避孕方式的偏见，最终导致女方怀孕。

第三种是性侵害。这是在女方不同意的情况下，强迫、胁迫或诱骗青少年进行性行为，最终导致怀孕。后果恶劣，伤害最大，甚至影响终身。

二、放飞青春，从正确的青春教育开始

在一次培训班上，有位家长问："老师，女儿好像来月经了，她还什么都不懂，我该怎么办？"

我问："孩子多大了？"

她说："11岁。"

…………

按理说，女儿11岁了，家长应该提前跟她说有关乳房发育、月经初潮的知识，并准备好卫生巾、小背心等。事实上，像她这样懵懂的家长还不在少数。一般来说，孩子在10岁前后，就会出现青春期的生理特征。很多家长以为孩子自己懂，以为学校会教，所以都不会和孩子谈青春期的问题。这就造成了孩子们性教育的缺失。

我们智慧家长课堂每年都会举行《如何与孩子谈性说爱》的线下活动和线上微课堂，就是让家长先补青春期的课程，再告诉家长如何智慧地对孩子进行青春期的教育。在这里，我们举几个青春期会出现的生理特征的例子和大家分享。

月经，是指伴随卵巢周期性排卵而出现的子宫内膜周期性脱落及出血。月经是女孩逐渐成熟的标志，它会让女孩变得越来越美。让孩子知道月经非常重

要，会避免她们面对月经初潮的惊慌失措和羞耻感，也会避免因她们觉得月经很麻烦，从而出现的性别认同障碍。

痛经，是行经前后或月经期出现下腹疼痛、坠胀，伴随腰酸或其他不适，症状严重者会影响生活和工作质量。我们需要告诉孩子，痛经不是青春期的女孩都必然会出现的症状，每个人的情况不一样，有人会感觉比较痛，有人没有感觉。

遗精，就是男孩子进入青春期，生殖器官发育成熟之后所出现的一种正常生理现象，不必紧张、羞涩和不安。有些男生，认为精子很宝贵，认为"一滴精十滴血"，认为遗精就会透支生命。其实，人的精液80%是水，仅含少量的蛋白质、脂肪和很少的一些微量元素。遗精不似月经，没有规则可言。遗精是男孩走向性成熟的开始。

自慰，就是通过手或其他器官来释放自己的性的需求，来满足自己的性欲，比如说用手触摸生殖器，用生殖器摩擦一些比较硬的物体，这都叫自慰。有些青少年认为自慰是可耻的，引起心理压抑、自卑。其实，自慰是青少年释放性能量的一种正常、合理的方式。只要自慰不过于频繁，保证在安全和隐私的情况下发生，就没有什么问题，不要整天惶惶不可终日，觉得这个行为很羞耻。

三、正确看待恋爱，鼓励"早练"

一位 15 岁的女生来咨询，她最近暗恋一位男生，男生长得又高又帅，学习成绩又好，而且唱歌还很好听。只要男生的一个眼神，她的心就会怦怦直跳！吃饭、睡觉、上课都想着他，让她无法安心学习而导致学习成绩下降。一个声音说：我要想尽办法接近他，跟他在一起很舒服。另一个声音说：不可以，这样做会影响学习，妈妈知道了会骂人，老师知道了会批评。她很烦恼，不知道怎么办？

看到男（女）孩子，心就会怦怦直跳是怎么回事呢？又该怎么办呢？

其实，这是一种正常的生理现象，是我的大脑奖赏系统在告诉我，我在长大，我开始学习欣赏异性啦。我正处于最美的青春期啦！

心跳的感觉不是爱！是喜欢，是欣赏。积极的欣赏正是塑造我们健康身心的钥匙，是成功人生的起点。

表 6-1 有没有同学追求你

	有	有很多	没有	自填	未填
高中男生	50.4%	10.2%	30.4%	3.9%	5.1%
高中女生	62.8%	9.4%	22.4%	3.9%	1.5%
初中男生	32.6%	7.9%	50.1%	7.2%	2.2%
初中女生	45.6%	5.9%	42.2%	4.3%	2.0%

奔跑吧，爸妈
——心理学工作者的人格教育实践

从表6-1的数据可以看出，在"有没有同学追求你"的调查问卷中，无论男生还是女生，有同学追求在高中阶段的学生中比较普遍，占到50%以上。所以，作为家长和老师，不要批评，也最好不用"早恋"这个词。我们看青春期的男女同学之间比较亲密的行为，称之为"早练"，而不是"早恋"。他们在这个时期开始学习如何和异性打交道，而这个特殊时期，也需要父母用正确的方式进行引导。

有一位来访者，是一位正在读高中的男生的母亲，来访的原因是因为孩子谈恋爱，成绩下降，老师打电话投诉。

孩子每天晚上12点多打电话，同宿舍的同学说他谈恋爱了。妈妈问孩子，孩子否定了，说是以前的同学，双方仅仅是有好感。女孩在国外读书，因为时差，平时电话联系都是晚上12点以后。妈妈以马上要高考为由，禁止孩子们的相互来往，男孩跟女孩最终断了联系。

最近，孩子的老师又打电话说男孩在谈恋爱，学习成绩下降得厉害。如果父母不管就要把孩子从重点班调到普通班。学校是禁止学生谈恋爱的，严重的话，有可能会被学校开除。这次妈妈急了，问孩子，孩子依然否认，说如果这样也算谈恋爱，有四五个，仅仅是联系多一些。

妈妈焦虑万分，孩子觉得妈妈大惊小怪，干涉他的生活太多，两人发生冲突。妈妈不知道怎样做才好。妈妈既担心孩子成绩下降，拖了班里的后腿，老师真的把孩子调到其他班，毕竟还有几个月就要高考，怕影响孩子的高考成绩，又担心话讲得太重，伤害到孩子。

经过咨询，这位母亲完全接纳了男孩。接纳男孩与女孩有好感的事实，接

第一部分
人格教育理论

纳男孩成绩下降的事实，也接纳老师善意的提醒。

首先，完全接纳和倾听孩子。这位母亲做了最重要的一件事：接纳和倾听。倾听孩子怎么说，而且须用心地倾听。切忌在做其他事的时候顺便听孩子说话，让孩子觉得你心不在焉，对他的话一点也不重视。孩子在遇到问题、情绪出现困扰时，最需要的并不是一个教育家，而是能了解、关怀和包容自己的父母。父母不能总是想教育孩子，其实，倾听比教育更重要。因为倾听与接纳让孩子感觉到他是重要的、受尊重的、有价值的，这样孩子才能有足够的力量去改变自己，获得成长。这些说起来容易，做起来难，但只要父母内心充满爱就能做到。

其次，帮助孩子处理好和异性的交往问题。面对青春期的孩子，家长最怕的就是孩子掉进情感的旋涡。因为家长认为，孩子对异性发生兴趣，就一定会影响学习，甚至影响前程。当男生和女生多说几句话，多看几眼，互相打闹几下，或者女生愿意找男生一起举办活动，一起玩耍、聊天，父母就立刻感到紧张、焦虑，给他们扣上一个帽子——早恋，采取各种手段防患于未然。

最后，父母要帮助孩子和异性同学正常交往。要端正态度，培养健康的交往意识，淡化对对方性别的意识。要广泛交往，可以几个男女同学集体行动，避免个别接触，交往程度宜浅不宜深。广泛接触，有利于孩子了解更多的异性，对异性有一个基本的总体把握，并学会辨别异性。不要和某个异性同学过于亲密而引起心绪波动。不可否认，在一些男生与女生心中，会有一位自己喜爱的异性朋友。"纯洁的爱情是人生中的一种积极的因素，是幸福的源泉。爱情的意义在于帮助对方提高，同时也提高自己。"（车尔尼雪夫斯基）。但是，初中阶段的男女同学的相互爱慕之情是非常稚嫩、脆弱的，成人不要过分敏感。可以向孩子表明，父母能理解孩子之间产生的纯洁、健康的美好感情，但不赞成早恋，愿意为孩子保密，耐心说服孩子"冻结感情"，不再发展。作为家长和老师，应慎用或最好不用"早恋"这个词，案例中的女生，毕业时送给男生一本书作为纪念。他们高考都取得了优异的成绩，考入了名牌大学，最终成了好朋友。

四、三道"防火墙"守住青少年性健康

家长和青少年都应建立三道"防火墙"的概念,让青少年做自己的主人,度过无悔的青春。

第一道"防火墙":防止未成年人发生性关系和遭受性侵犯

防止未成年人发生性关系,是指18岁之前的中学生,应当做到"洁身自爱"。对这一点,青春期性教育者应当理直气壮、开诚布公地对学生讲。青少年不能发生性关系是因为其心理、生理方面均不成熟,无法承受发生性关系的后果。"春天就忙春天的事"是少男少女都应当懂得的人生规律。我们不能否认少男少女本能的性欲望和性冲动,但如何去应对性欲望和性冲动,则要通过大脑和意志力去回答和行动。我们要摆正爱情的位置:爱情与事业结合,才能有永恒的力量。提倡晚恋。低年级学生不宜恋爱。处理好"两人世界"与"大世界"的关系。把"两人世界"融入集体,取得集体的认同和同学的理解。我们还必须讲明爱情是心与心的交融,而不是性器官的约会。青少年无法用肉体关系来证明爱情,反而可能以此毁灭爱的种子。前面讲的例1和例3中的女生,都用肉体来回应爱情,结果这些爱情的行动让她们承受了这个年龄不该承受的伤害。

性侵犯一直是困扰世界各国的严重社会问题。[①] 它是一种非自愿的或企图以暴力、威胁、引诱和欺骗等方式进行的性接触,可以是躯体的、言语的,还可以是心理的,包括强奸、企图强奸、猥亵、性骚扰等形式[②]。一旦出现,影响比较深远,甚至影响终身。

我们在这里强调的不是性侵本身,而是性侵发生后的各方的反应,可能会比性侵本身更严重。

是的,比性侵更严重的是对生命的否定。

首先,性,无论是美好的还是不美好的,它始终是我们生命中的一部分,我们不能因为其中一部分的不美好而否定我们的生命!

其次,对于性侵事件,社会应该指责的是实施性侵的人,而不是被性侵的人。在性侵事件中,实施性侵的大部分是熟人,受害人不敢说,担心受到指责和歧视,甚至说出来都没有人相信。案例6中实施性侵的就是熟人。对她们而言,这是比遭遇性侵更严重的伤害!

如果我们的家长有足够的智慧,就会无条件地接纳自己的孩子,告诉她:是的,你现在很难受,你就哭出来吧,爸爸妈妈为你做主。就像被蚊子咬了一下,但生活还是会继续的。而且,这不是你的错,你还是爸爸妈妈的小公主,你依然可以昂起头,面对每一天升起的太阳。爸爸妈妈爱你!

[①] Jewkes R, Sen P, Garcia-Moreno C, "Sexual violence" //Krug EG, Dahlberg LL, Mercy JA, et al. World report on violence and health. Geneva: World Health Organization (WHO), 2002: 147-181.

[②] Muehlenhard CL, Powch IG, Phelps JL, et al. "Definitions of rape: Scientific and political implications", *J Soc Issues*, 1992, 48 (1): 23-44.

第二道"防火墙":避孕和紧急避孕

我们希望所有到达成年以前的孩子都安全地待在第一道防火墙之内,但往往不能百分之百地如愿。我们难以预料究竟哪些孩子会早恋。

中学生之间一旦确定了恋爱关系,性欲望和性冲动就会进入亢进期,表现出强烈的肉体需求,甚至希望发生性关系。据调查,中学生的性知识[①]是比较差的。如果没有经过性健康教育,无保护措施发生性关系,一旦出现非意愿妊娠,就会造成彼此间的伤害。表6-2是中学生中发生性行为后的感受的调查数据。

表6-2 性行为后感受

感受	高中男生	高中女生	初中男生	初中女生
很高兴	62.1%	18.6%	62.4%	29.0%
很沮丧	8.6%	14.2%	8.2%	16.1%
担心怀孕	25.1%	47.8%	15.9%	38.7%
觉得自己很坏	30.8%	44.2%	18.2%	29.0%

从数据看出,男生性行为后很高兴的体验很高,占到62%以上,这也就解释了男女由彼此接近到发展为爱情,一般也是由男性首先明确提出的。家长要从小给孩子讲解"生命的孕育和诞生",借助挂图直观地看到精子与卵子结合的情景;讲解"避孕"这一内容时,要自然告知,用哪些方法能够阻挡或

---

① 胡序怀、陶林、何胜昔等:《深圳中学生性健康知识和行为现状调查》,载《中国性科学》2010年第10期,第28-41页。

避免精子与卵子见面；等等。这种讲解以成年人的计划生育为背景，不会让孩子感到是在针对他们，或赞同他们发生性关系。所以，他们不会有羞怯感、触及隐私感或意欲尝试感。如果性生活不可避免，中学生首选避孕套。避孕套使用简单，可有效预防性病、艾滋病的传播。加上深圳大街小巷都安装了免费避孕药具提取箱①，方便育龄群众提取避孕套。在我的调查中，使用避孕套避孕的人数占到了首位②。紧急避孕药是避孕失败后的补救措施，属于事后紧急避孕方法，不能当成避孕措施。如果案例中的女生懂得如何避孕，即使有性生活，也不会进一步伤害身体。

第三道"防火墙"：终止妊娠

各种避孕措施都不是百分之百可靠的，万一发生了妊娠的情况，有两种解决方法。一种是把孩子生下来，另一种是尽量在妊娠3个月内接受人工流产手术。有些女生把孩子生下来，成为未婚妈妈；有些女生奉子成婚；更多的女生把人工流产当成避孕方法。其实人工流产是避孕失败的一种补救措施，不是避孕方法。女生反复流产或某次流产处理不当，可能会引起术后子宫复旧不良、点滴出血、感染概率大等多种并发症，甚至造成不孕症，还会对女生造成一定的心理创伤。案例中的女生最后懂得寻求家人和医生的帮助，避免了进一步的伤害。

---

① 林秀红、王英蓉、谢燕芳等：《个性化避孕指导对提高瘢痕子宫重复人工流产妇女有效避孕率的效果》，载《中国计划生育学杂志》2016年第5期，第332-334页。

② 林秀红、邵豪、郭悦慈等：《个性化避孕指导对避孕效果的影响》，载《中华妇幼临床医学杂志》2016年第5期，第571-575页。

最后，我们了解一下中学生恋爱与三道"防火墙"之间的关系，如图6-1所示。

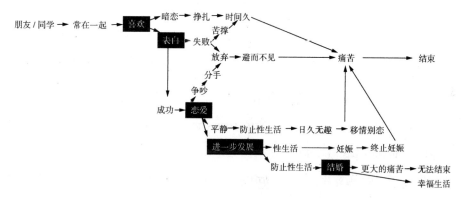

图6-1　中学生恋爱与三道"防火墙"之间的关系

花季，家长可以和孩子分享美好时光！

雨季，家长可以提前准备好，和孩子共度风雨！

青春期，像花一样美丽绽放，散发青春的气息！

花季有雨，青春无悔！

参考文献

[1] 郑晓瑛，陈功，等.中国青少年生殖健康可及性调查基础数据报告 [J].人口与发展，2010，16（3）：1-16.

[2] 甘玉杰，林霞，齐青萍.650例未婚人工流产女性生殖健康状况及需求调查分析 [J].中国计划生育和妇产科，2011，3（3）：56-59.

[3] 任姗姗,庞成,何电,等. 我国三城市未婚女青年人工流产后服务需求调查 [J]. 中国计划生育学杂志, 2012, 20 (3): 179-182.

[4] 隋双戈,陈柳月,袁晓飞,等. 城市女性遭遇性侵犯的风险因素 [J]. 中国心理卫生杂志, 2011, 25 (11): 840-845.

[5] JEWKES R, SEN P, GARCIA-MORENO C. Sexual violence [C] //KRUG EG, DAHLBERG LL, MERCY JA, ET AL. World report on violence and health. Geneva: World Health Organization (WHO), 2002: 147-181.

[6] MUEHLENHARD CL, POWCH IG, PHELPS JL, ET AL. Definitions of rape: Scientific and political implications [J]. J Soc Issues, 1992, 48 (1): 23-44.

[7] 胡序怀,陶林,何胜昔,等. 深圳中学生性健康知识和行为现状调查 [J]. 中国性科学, 2010, 19 (10): 28-30.

[8] 林秀红,王英蓉,谢燕芳,等. 个性化避孕指导对提高瘢痕子宫重复人工流产妇女有效避孕率的效果 [J]. 中国计划生育学杂志, 2016, 24 (5): 332-334.

[9] 林秀红,邵豪,郭悦慈,等. 个性化避孕指导对避孕效果的影响 [J]. 中华妇幼临床医学杂志, 2016, 12 (5): 571-575.

第二部分

人格教育实践

在奔跑的路上，知不知道和知道的正不正确
这两个问题被解决后，
家长需要面对的，就是如何做到！

知易行难，说道理容易，
但是怎样才能做到？

家长总在追问家庭教育的秘籍，
希望有个屡试不爽的绝招来对付孩子。

那么，看看老师们是如何
在日常的家庭教育中落实人格教育实践的。

奔跑吧，爸妈

——心理学工作者的人格教育实践

《"心"教育 爱无痕》

作为一个母亲，袁春红老师和她的女儿将有怎样的对话和故事？

作为一个幼儿园园长，她和她的孩子们又有怎样的经历？

作为一名心理咨询师，她又有哪些个案和哪些话要说呢？

《爱与成长的旅途——母女旅行札记》

反对圈养的路上，她不是"狼爸"，也不是"虎妈"，她只是一个陪伴孩子行走天下的妈妈。

她相信，最好的教育在路上。

《爱伴成长》

这是一位心理咨询师的修炼手册。李巧老师从一个焦虑、迷失的妈妈，自我觉察寻回自己。通过陪伴孩子成长，踏上心理学学习旅途，再到成长为一位心理咨询师，一步一个脚印。她感恩孩子陪伴她长大的同时，我们也清晰地看到了她自己成长的踪迹。

《逃离舒适区》

26年前,宋一德在作文里写道:我的梦想,是成为一个好爸爸。

那时他是一名高二的学生,老师在课堂上读了他的作文,顺便向"全世界"公布了他的梦想。

6年前,他成了一名吉他手。

听完他的弹奏,我说:"呵呵——不过,你是我见过的,最最努力的吉他手。"

他的习惯性努力,也激励了女儿,女儿最终考上了目前深圳排名第一的中学。

三年间,他穿行在深圳的大街小巷,主讲了超过150场的心理课程,被誉为"深圳最温暖的心理咨询师"。

夕阳下的奔跑,让他的样子,成为一个好爸爸的样子。

《心出发 新自己——送给所有陪伴孩子的父母》

2009年,作者放弃家乡一所中学的教职,在北京开始接触0~3岁孩子的早期教育,社会上更多地称之为"育婴师""早教师"。本文作者从以下三个方面,分析与探讨0~3岁孩子的早期教育。

一、0岁的胎教

二、守候1岁

三、管教3岁

严格地说,这个年龄段的早期教育,最近几年才在国内引起关注,以致风靡一时。透过本文,作者希望与大家分享这十多年来自己在育婴一线的点滴经历与感悟。

奔跑吧，爸妈
——心理学工作者的人格教育实践

"心"教育 爱无痕

袁春红

作者简介

袁春红 国际催眠治疗师、国家绘画心理分析师、国家二级心理咨询师、家庭教师高级指导师、积极心理学沙盘研究所研究生、深圳市卫生健康发展研究中心讲师、深圳市宝安区图书馆公益项目讲师、深圳市圆方心艺术文化传播有限公司特聘讲师。

籍贯广东,出生、成长于历史悠久的河源龙川,从小热爱艺术,使得性格更添自信与活跃。20 世纪 90 年代,怀揣梦想来到深圳,一辈子只做一件事——幼教。20 多年的工作阅历,积累了丰富的一线幼儿教育经验,积极参与社会公益活动,多次获评先进教育工作者、优秀园长等称号。

热爱生活,热爱工作,用心享受做幼教人的乐趣;热爱学习,用心学习关于孩子们的一切。

秉着读懂幼儿、给孩子们一个幸福童年的初心,2012 年开始正式走进心理咨询领域,系统学习与了解关于心理、关于儿童的更多专业知识,希望用自己的实际行动感染身边的每一位老师和家长,用心读懂孩子。

格言是"让爱成为习惯,用心做好自己,用爱读懂孩子!"

奔跑吧，爸妈
——心理学工作者的人格教育实践

生活中，我是一位普通的母亲；工作中，我是一名普通的幼教工作者。一日之计在于晨，"旦"代表旭日东升，我希望每一个孩子都能健康快乐地成长，也时刻提醒自己珍惜光阴、善待身边每一个人，因此，生活中我会让大家昵称我为"旦旦"，希望这个好记幽默的名字能为身边的人带来一丝丝正能量。

一、我和女儿的故事

世界上有形形色色的职业，很多职业都必须考取资格证或是上岗证，唯独做家长这一最重要的职业不用考证就能直接上岗。我是一位13岁孩子的母亲，和许多的妈妈一样未取得家长资格证就直接上岗当了母亲。初为人母手足无措，孩子好像成了自己的"小白鼠"。而当你真正融入这个角色的时候，会发现孩子是上天送给我们最好的礼物，也是我们最大的幸福。

因为孩子，我们才体验到了"养儿方知父母恩"的那种滋味；因为孩子，我们也开始慢慢地成长；因为孩子，我们不断地学习；因为孩子，我们成为更好的自己。

在旦旦的概念里，孩子就是我的人生导师，是她让我真正懂得什么是爱、什么是付出、什么是责任、什么是幸福！与其说我们做家长的给了孩子多少爱，还不如说是孩子滋养了我们。

因为孩子，我升级了，升级做了家长，升级也就意味着肩上的责任更重了。这十几年来我一直没停下努力成长的脚步，努力学习如何做更好的自己，从而让孩子觉得我是一个合格的妈妈，是一个让她满意的妈妈。

我努力了，并得到了回报。

女儿说："你是我的闺蜜，是一辈子的老闺蜜。"

女儿还说："你是我的骄傲和偶像，不过是暂时的偶像。"大家也许会和我一样很好奇，为什么孩子会说是暂时的偶像呢？女儿的回答是，"因为我在不断地成长、不断地强大呀！如果哪天妈咪停下脚步不再前进，还怎么做我的偶像哦……"

看到这儿，大家能否听出点什么？跟孩子相处的时候你是否也曾问过孩子："宝贝，你满意现在的妈妈或爸爸吗？""宝贝，你在这个家里幸福快乐吗？"大家不用急着回答我，再说现在回答了旦旦也听不见，但是，一定要用心回答你自己，自己的感受真的很重要。

说到感受，我在这里插入一段孩子和爸爸之间的对话：

"爸爸、爸爸，这水太烫了，我怎么洗脸呀？"

"烫吗？哪里烫哦，爸爸觉得不烫！"

大家觉得这对段话有没有问题？细心点的读者应该可以听出点什么来，同样是一盆水、同样的温度，孩子感觉太烫而爸爸却感觉不烫，这说明什么？

说明孩子和我们成人的感觉真的会不一样。家长最常犯的错误就是把自己的感觉和感受强加在孩子的身上,没有尊重孩子的真实感觉和感受。做了十几年家长的我想说,家庭教育最重要的不是说教,是我们做家长的要跟上孩子的脚步一起前行,而不是居高临下地指挥孩子做些什么!

大家想一想:平时跟孩子交流的时候是高高在上呢?还是与孩子平视呢?平时会蹲下来与孩子用心沟通交流吗?

在生活中,很多家长都会以一副高高在上的成人心态去教育孩子。然而,很少有家长知道,适当地向孩子"示弱",更能拉近你与孩子之间的心理距离,从而增加彼此的亲密度,促进良好的亲子关系。

家庭教育最有效的教育方法就是拥有良好的亲子关系,有了好的亲子关系,孩子才能更好地接收到家长要传递给他的信息,我们做家长的只要做好自己就足矣,身教永远重于言教。旦旦认为,家庭教育和学校教育是不一样的,是有区别的,我们做家长的不应该是教在先,而是家在先,家不是讲理的地方,而是讲情讲爱的地方。

下面我来跟大家分享我和女儿的家庭故事。

首先来分享一个"妈妈讲故事变成了听故事"的事情。不知道什么时候开始,睡觉之前,我一定会给孩子编两个故事,把自己想说的一些话或是开心有趣的事情编成小故事、小笑话,跟孩子一起分享,带着愉快的心情陪着孩子入睡,等孩子睡着了才起来做自己的事情。

这应该是从孩子1岁多就开始了,就这样,年复一年,我坚持了7年。一天晚上,我跟往常一样,陪孩子玩耍到了该讲故事的时间了。孩子说,"妈咪,今天你讲什么故事呀?""啊,怎么办?妈咪最近记性特别不好,老是迷迷糊糊的,实在是编不出故事来了,真是对不起宝贝了,怎么办哦?""没事,要不,我来编个故事给妈咪听?"狡猾的旦旦看到女儿已进入自己的圈套里,接着极其夸张、毫不吝啬地肯定孩子说:"哇,真的吗?宝贝愿意编故事给妈咪听呀,真的好厉害哦,比妈咪强上一百倍呢,妈咪小时候哪里会编故事呀,就会哭鼻子。""哈哈,原来妈咪小时候还不如我呀!"就这样,我和闺女欢声笑语地开始了新的篇章,妈咪变成了听众,而孩子成了编故事的人。当孩子五年级的时候拿回一个全国中小学生创新作文大赛小学组一等奖回来,还说要去北京参加总决赛的时候,我笑了,笑自己的用心让孩子更加强大了,而旦旦真心愿意做女儿背后的弱者。

  分享完一个小故事,来点经验之谈吧。我建议大家有空就多给孩子讲讲笑话或是幽默的段子,对孩子性格的影响还真是蛮大的。前不久,我家闺女在整理书柜时无意间看到我的老照片后夸张地说:"天啊,妈咪你也太厉害了吧,一点都没变耶!"听女儿这么说我略感骄傲,臭美地回了一句:"那是!很多人都说你妈咪一点都不像快40岁的女人,还是那么的青春靓丽呢!""哎哟!妈咪呀,你就不要自作多情啦,我说的是你那份傻气,你身上的那份傻气没变,知道不?"

  家里总是充满欢声笑语,这样的孩子能不快乐吗?其实,每个家庭结构都不一样,教育的参与者也不一样,有些家庭可能是几个大人围着一个孩子,也有些家庭是几个孩子对着两个大人,不管怎样,家必须是和谐的、有温度的。

  我最常跟孩子聊的一个话题,应该就是"宝贝,你一定要好好爱自己,

奔跑吧，爸妈
——心理学工作者的人格教育实践

因为只有懂得爱自己的人才会懂得爱身边的人！"在孩子三年级的暑假我就有意识地培养她做饭，不过我并没有直接教她，而是带她一起搜网上做菜的视频和资料，然后看着看着就跟孩子说，"哇，这个菜感觉好好吃哦，宝贝想吃吗？""想！""妈咪也好想吃，可惜我不会做耶，要不，我们一起来试试怎么做这个菜呗！""好呀！"就这样，我和孩子都是学习做菜的参与者，做好之后，我们一起品尝，慢慢地，我们比谁做得好吃，裁判就是孩子的爸爸。再后来，我就成了不会做饭的妈妈，女儿就成了会做饭的孩子。现在，每个周五的晚上都是孩子在问，"爸爸，妈咪，明天你们要吃什么早餐呀？"让孩子学会做饭，不是要她长大了去为谁做饭，而是学会自己照顾自己。

记得去年暑假，孩子的姥姥摔跤了，摔得走不了路要坐轮椅。不巧的是，我刚好要去北京师范大学参加一个非常重要也非常难得的会议，正当我苦恼该怎么办的时候，我家孩子很有力量地说了一句，"妈咪，没事，你去北京，我可以照顾姥姥，相信我。"于是我带着一丝不放心，选择了去北京参加会议。五天后回我妈家，那天中午饭是我做的，餐桌前我妈出其不意地说了一句，"嗯，你炒的茄子还不如你的孩子炒的好吃呢！"听到这句话，我心里有种说不出来的成就感、幸福感。

也许有人会说，"那是因为你的孩子乖，比较听话"。其实，孩子都是一样的，我的女儿也同样会犯跟她的同龄人一样的错，例如，喜欢玩电子产品，喜欢吃垃圾食物，同样有情绪失控耍小脾气的时候，但不管怎样，孩子毕竟是孩子，我们做大人的只需要认清这一点就够了。

讲到这儿，是不是有人开始在心里嘀咕啦，这个旦旦怎么一讲到自己的孩子就停不下来了呢？有没有？有，因为这是事实，试问做家长的，哪一个不是这样呢？只要聊到自己的孩子，估计几天几夜也聊不完。那好吧，下面我就来说说别人家的孩子。

二、园长妈妈和孩子们的故事

我也是一个从教 20 多年的幼教工作者,一名幼儿园园长,孩子们都叫我园长妈妈。下面我就以一个园长妈妈的身份来跟大家分享一下别人家的孩子的故事。

从教 21 年,我对孩子们说得最多的一句话就是,"宝贝,我好爱你哦!"听得最多的一句话就是孩子们说的,"园长妈妈,我好爱你哦!"这就是孩子,当你用心给予他爱的时候,他会回馈更纯、更真的爱给你。

当消防演习时,孩子对我说:"园长妈妈,不要怕,我会保护你的!"

当孩子们在做手工的时候,他们对我说:"园长妈妈,这你都不会呀,没事,我来教你。"

当孩子在家受了委屈,会跑来办公室边哭边说:"园长妈妈,爸爸妈妈不听话,你帮我批评他们吧!"

当孩子们在假期的时候,会打电话说:"园长妈妈,我好想你哦,你要记得想我哦!"

与孩子有太多的亲密相处,太多的幸福点滴,我深深地感受到,孩子最需要的就是我们的关注与肯定,我们做家长的要尊重孩子的需要!给孩子一个空间,让他们自己往前走;给孩子一个问题,让他们自己找答案;给孩子一个困难，让他们自己去解决；给孩子一个权利，让他们自己去选择。

作为一位母亲，我跟你分享了我和我女儿的故事；作为一个幼儿园园长，我跟你分享了幼儿园孩子们的故事；作为一个心理咨询师，我想跟你分享"心"的故事。

三、心理咨询师的"心"故事

(一)健康,从"心"开始

何为健康?身体没有疾病,就一定是健康的吗?

养育孩子,不仅在于把他健康平安地养大,更要为他建立一个健全的人格和积极向上的人生态度。

17世纪英国伟大的哲学家和启蒙思想家约翰·洛克(John Locke)认为:"人生幸福有一个简短而充分的描述:健全的心智寓于健全的身体。凡身体和心智都健全的人就不必再有什么别的奢望了;身体和心智如果有一方面不健全,那么即使得到了种种别的东西也是枉然。"1946年世界卫生组织在《世界卫生组织宣言》中指出:健康不仅仅是没有疾病和虚弱现象,而是一种躯体、心理和社会功能均臻良好的状态。由此可见,身体健康和心理健康同等重要,两者缺一不可。作为家长的我们,理应在重视孩子身体健康的同时重视孩子的心理健康,因为优秀的孩子都是心理健全的人。

如果一个人拥有比较幸福的童年和随之形成的健康人格的话,从心理学意义上讲,这个人是幸运的,他的生活将会在健康人格的决定下,在一个比较健康的轨道上运行。

家庭是个体出生后最早接触的环境,家庭中的各种因素,例如,家庭结构的类型、家庭的气氛、父母的教养方式、出生顺序等都会对人格的形成起着重要的作用。不少研究表明，体贴、温暖的家庭环境能促进儿童成熟、独立、友好、自控和自主等特征的发展。由此可见，家庭环境和父母教养方式对孩子的成才都无比重要！

都说家庭教育其实就是一门"动心"的艺术，那么，家长们如何才能掌握这门"动心"的艺术呢？人的行为是由心理支配的，心理活动从行为中体现出来，家长只有了解孩子的心理状态，走进孩子的心灵世界，才有可能提升孩子的心理素质，让孩子真正成为身心健康的优秀孩子。随着孩子的成长，他们的内心世界也会日趋丰富，那我们该如何走进孩子的心灵世界，去提升孩子的心理素质，解决孩子的成长烦恼，让孩子拥有健康快乐而最终成为优秀的孩子呢？

想要改变孩子先要改变自己，家长的点滴意识的改变，也许可能改变孩子的一生！你看待这世界的角度变了，世界在你面前呈现的样子自然也就不一样了，你便真的看到了不一样的风景。确实如此，作为一名幼儿园园长，我可以很骄傲地说我是成功的，作为一个公益性咨询师我是被认可的，唯独做家长，我尚不能用成功或是认可等字眼下结论，因为做家长是我这一生中最重要的事业，需要用我一生的时间来做的一件事，一个没有终点、只有过程的事情，因为我们一直在路上。

来吧，我们从"心"出发！

（二）改变，从"心"出发

你的做法对了，世界就对了，父母有了对的想法，才能给孩子对的想法！想要孩子积极向上，父母先要积极向上。父母传递给孩子的是正能量还是负能量，直接影响孩子将来的思维方式和处事方法。

早上起床的时候，如果你第一句就是"唉，又要上班了，好烦"，那么恭喜你，今天你必将会成功实现自己"烦"的目标，这就是所谓的"心想事成"。就如朗达·拜恩在《秘密》一书里提到过的"吸引力法则"一样，书中提到"你生命中所发生的一切，都是你吸引来的。它们是被你心中所保持的'心像'吸引而来，它们就是你所想。不论你心里想什么，你都会把它们吸引过来"。你的每一个思想都是真实存在的东西，它是一种力量。

父母和孩子的沟通也是一样的，如果你老是在孩子面前数落他，他定会朝着你数落的错误方向走下去，例如，你一直叨叨孩子是"笨蛋"，他就会"成功"地变成"笨蛋"。

身边有很多喜欢给孩子贴标签的家长，不少来访者一见面就说"孩子变了，太叛逆了……"旦旦忍不住想问："孩子怎么就变了？""在你的概念里，什么是叛逆？"如果只是孩子没按你的要求或是没按大人的标准就算叛逆的话，那我们大人们也很叛逆呀！没按孩子们的要求和套路走。

你也许会问，真的吗？下面这个简单的故事，应该可以给你答案。

旦旦讲"心"故事

一位父亲带着自认为无可救药的孩子去心理诊所，孩子已经被他的父亲严重灌输了自己一无是处的观念,面对心理医生的询问,孩子总是一言不发,无论如何诱导,他就是不开口。仓促之间,心理医生无从下手。后来,从孩子父亲的唠叨中,心理医生找到了医治的线索。当时,孩子的父亲在不停地说:"唉,这孩子一点长处也没有,我看他是没有指望了!"

于是,心理医生开始寻找孩子的长处,孩子不可能没有任何长处。在和孩子父亲的交谈中,心理医生了解到了一个重要的情况,就是他家里的家具常常被孩子用刀划破,孩子因此常常受到惩罚。心理医生明白了,喜欢雕刻就是孩子的爱好,当然也是孩子的长处。

第二天,心理医生买了一套雕刻工具送给他,还送给他一块上等的木料,然后教给他正确的雕刻方法,并不断鼓励他:"噢,你是我所认识的孩子当中最会雕刻的一位。你具有雕刻的天赋,而且热情勤劳,将来一定会成为了不起的艺术家。"当时,孩子的眼睛湿润了。

从此以后,他们的接触频繁起来。在接触中,心理医生又慢慢地找到孩子其他的一些优点,当然无一例外地给予中肯的赞美。有一天,这个孩子竟然不用别人吩咐,主动打扫房间。这件事情,让他的家人吓了一大跳。

心理医生问:"孩子,你今天表现得很好,你为什么想起来这样做呢?"孩子回答说:"我想让家人高兴。"

最终,孩子变得健康向上、活泼开朗起来。若干年后,那个孩子成了一位著名的艺术家,他就是伯恩斯坦。

旦旦有话说

父母就是孩子最好的"心理医生",想让孩子拥有积极向上的健康心理,想要把孩子培养成一个优秀的人,首先得给孩子足够的信任,多点积极的鼓励,少点消极的批评,把积极暗示教育渗透到生活的点点滴滴,赞赏和激励是沐浴孩子成长的雨露阳光。请多说:"你将会成为了不起的人""别怕,你肯定能行""只要今天比昨天强就好""孩子,我们也去试一试""你想做的事情,由你自己决定"。如果你非要批评孩子,请记得把赞扬放在批评之后。人总是记得别人对他最后说的话。经常说:"儿子你真棒""有个女儿真好"一句话,想要孩子积极向上,家长得先积极向上;想要孩子优秀,家长得先优秀。作为父母,给孩子创造了好的环境,就像种庄稼有了好的土壤,但茁壮成长还需要其他的养分,例如,阳光、空气、水。如何给?怎么给?给的养分是自己孩子所需要的吗?这是值得我们所有家长思考的问题。都说孩子能否成为杰出人物,完全取决于父母施行了什么样的教育,家庭教育伴随孩子的一生,而不以某个年龄段为限。因此,学习如何做好父母,是我们一辈子追求的事业。

(三)成功,从"心"做起

榜样的力量是无穷的!家庭是每一个人来到世界上最先接触的环境,同时,家庭也是人的第一所学校,父母就是第一任老师。人的一些基本行为习惯、情感反应方式和价值观,都是在父母的熏陶下形成的,父母往往在不经意间影响了孩子的一生。那么,父母该如何当好老师?在孩子人生的早期,他所接触的人和事,会对他以后的行为起到深远的影响。旦旦认为,孩子就是天生的摄影师及模仿高手，会自主地把父母的所有行为表现都收录在自己的脑海里，当遇到同样的问题时，孩子会把脑海里父母的行为表现模仿出来，孩子存在的问题，与父母的行为密不可分。因此，家长要特别重视榜样对孩子的巨大影响作用，时时处处给孩子树立榜样。

苏联著名教育家马卡连柯曾经讲过："一个家长对自己的要求，一个家长对自己家庭的尊重，一个家长对自己每一个行为举止的注重，就是对子女最首要的、也是最重要的教育方法。"如果家长不断提高自己的修养，规范自己的行为，处处以身作则，其一言一行就会为子女做好表率，从而使孩子的头脑中存储的都将是美好的行为原型。所以，在日常生活中，家长要时时刻刻严格要求自己，事事起模范带头作用。要求孩子做到的，家长首先要做到；要求孩子好好学习，做一名好学生，父母首先要在本职岗位上兢兢业业，做出一番成绩来；要求孩子团结友爱，和朋友之间要互相帮助，家长自己首先要与邻里和睦相处，友好往来，不在一些鸡毛蒜皮的小事上斤斤计较，不占小便宜，公正无私。

我国儿童心理学家陈鹤琴曾说："我们做父母的一面事事要以身作则，一面处处要留心孩子所处的环境，使他所听的、所看的都是好的事物。这样，他自然而然也受到了好的影响。父母就是一本无言的教科书，孩子学好了还是学坏了，完全取决于这本书的内容。"

旦旦讲"心"故事

有一位农民父亲，将家里的五个孩子全部培养成了大学生。于是，记者就去采访孩子们，"父亲是如何将你们培养成才的"。

奔跑吧，爸妈
——心理学工作者的人格教育实践

孩子们齐声说："身教。我们的父亲从来就不讲大道理，他为我们每一个人制定一份计划，每天早上五点钟起床，锻炼身体，包括他自己。每天早上，父亲总是第一个起来，敲敲房门，不多说一句话，我们便自觉地爬起来。十几年如一日，父亲从未间断。我们的毅力便在这十几年间一点点地沉淀下来，最终成为一棵不倒的大树。每个孩子从跨入小学的第一天起，父亲便发一个脸盆，一个搓衣板，意味着以后要自己清理自己了。因此，我们的独立性便是从这一个脸盆，一个搓衣板开始的。"

旦旦有话说

也许，恰恰是拥有平常心的父母才有能力养育及培养出优秀的儿女。身教重于言教，学会用平常心养育我们的孩子，不以有限的自我认知给孩子设限，让他们最大程度成为自己。讲大道理充其量是一种知识，大道理讲多了，就好像浮在空中的尘埃，孩子便充耳不闻了，更糟糕的是，在孩子心目中，你成了一个啰唆爸爸或啰唆妈妈。

榜样的力量是无穷的，孩子的年龄越小，榜样的感染力就越大。榜样好比人生的坐标，事业成功的向导。在教育子女时，我们要鼓励孩子们树立自己可以效仿的榜样。

（四）以有爱之心，做有爱教育

"让爱成为自己最强大的武器，威力将无人可敌！"这是旦旦的至理名言。在旦旦的概念里，爱，可以击败一切，有了爱，就有了一切！有了爱，教育也就有了根基！所以，我最想要做的就是教会孩子如何爱。

瑞士教育家裴斯泰洛齐的道德自我发展原理表明：家庭中爱的环境非常重要。裴斯泰洛齐认为，母亲精心地照顾孩子，会使孩子感受到愉快，爱的种子就在心里萌发出来，渐渐地孩子会把爱的情感扩展到家中的亲人，随着孩子年龄的增长，交往的范围扩大，孩子就会把爱淡化到社会和他人中去。所以，我们做父母的要给孩子们营造良好的精神文化氛围。

这种环境该如何营造？如何让孩子们在无形中学会爱、善用爱呢？英国教育家夏洛特·梅森曾经说过："要在孩子的周围营造一种思想的氛围，让孩子像呼吸空气一样感受这种氛围。这种激发孩子树立正确的生活观念的方法是父母亲手创造的。父母的每一个温柔的表情和敬畏的语调，每一句友善的话语和助人的举止，都会一一渗透到这个思想的氛围和孩子生存的环境之中，他们也许永远不会想到这些事情，但是这些事情会在他们的生命中激活那个决定其一切行为的模糊倾向。"因此，我们做家长的要使家庭生活充满乐趣和温暖，就要让浓厚的爱和深厚的人文气息围绕着整个家庭生活。

旦旦讲"心"故事

爱因斯坦小的时候，是一个被人看不起的学生。在爱因斯坦小学毕业时，他的校长对他父亲说："您的孩子，将来从事什么职业都一样没出息。"

有一次，爱因斯坦的母亲带他到郊外玩。亲友家的孩子们一个个活蹦乱跳，有的爬山，有的游泳，唯有爱因斯坦默默地坐在河边，凝视着湖面。这时，亲友们悄悄地走到他母亲身边，不安地问道："小爱因斯坦为什么一个人对着湖面发呆？是不是有点抑郁啊？应该早点带他去医院看看！"爱因斯坦的

奔跑吧，爸妈
——心理学工作者的人格教育实践

母亲十分自信地对亲友们说："我的儿子没有任何毛病，你们不了解，他不是在发呆，而是在沉思，在想问题，他将来一定是一位了不起的大学教授！"

从此，爱因斯坦时常拿妈妈的话来审视和鞭策自己，并不断地自我暗示：我是独一无二的！我会做得更好！

这就是爱因斯坦之所以成为爱因斯坦的原因。

旦旦有话说

爱因斯坦的妈妈用爱包容着自己的孩子，成就了孩子。这样的妈妈真的很伟大。总而言之，教育没有对错，没有好坏，适合才是最好的！因为每一个孩子都是独一无二的，每一个孩子都是一颗种子，各自有各自的花期，有的花，一开始就灿烂绽放；有的花，需要漫长的等待。相信孩子，我们一起静等花开，也许你的种子永远不会开花，因为他将成长为一棵参天大树。

旦旦相信，"笑可以'传染'，幸福可以'传染'，爱一样可以'传染'"。我们作为家长，如果可以做个好的"传染源"，那我们的孩子能不好吗？让家有温度，让孩子心中充满爱，是旦旦一辈子所追求的事业。我们做家长的要相信自己的孩子，给孩子足够的空间和足够的时间，因为决定成败的不是尺寸与方向，而是做最好的自己！旦旦还想说：我们一起努力吧！让爱成为孩子们的秘密武器，爱的威力将无人可敌！

分享旦旦的幸福

旦旦因为女儿有了好多好多的最……

旦旦最大的骄傲：成了女儿心中的偶像。

旦旦最大的荣幸：成了女儿的老闺蜜。

旦旦最爱做的事：陪女儿做她喜欢做的事。

旦旦最好的习惯：每天和女儿的三吻之约（出家门一吻，进家门一吻，睡觉前一吻）。

旦旦最美的约定：女儿18岁前我带她游中国，女儿18岁后她带我游世界。

旦旦最大的愿望：和女儿一起成长，成为最好的自己。

旦旦最好的坚持：记录女儿成长的点滴，因为记忆是有温度的。

旦旦最感动的事：女儿在日记里写的话，"我知道妈咪好爱我，但是，妈咪你知道吗？我更爱妈咪！"

这么多的最美好，你们也想拥有吗？

很简单，从现在开始，请改变自己对孩子的看法，用包容的心、用满满的爱去看待孩子们做的每一件事情。孩子就是孩子，孩子有孩子应该做、属于孩子做的事情，我们做家长的只要放下身段，学会蹲下来和孩子平视，用心与孩子交流，用爱与孩子做有效的沟通，就能成为孩子人生中的好朋友、好老师、好父母！

点滴意识的改变，可能就足以改变孩子的一生。

今天，你改变了吗？

奔跑吧，爸妈
——心理学工作者的人格教育实践

爱与成长的旅途
——母女旅行札记

陈 萌

陈萌 国家二级心理咨询师，沙盘游戏咨询师，广州云深教育信息咨询公司负责人。

十一岁女孩的妈妈，"最美的教育在路上"的践行者，与先生、女儿共同游历五大洲几十个国家。从事亲子教育、青少年儿童心理辅导工作十余年，陪伴学员和家长共同成长。

孩子是上天赐予我们最美的礼物，他带领我们成为更好的自己，同时也成为他自己。

奔跑吧，爸妈
——心理学工作者的人格教育实践

一、"Yes! I can!"

除了浏览博物馆、美术馆、科学馆、动物园、海洋馆，以及游人如织的名胜，带女儿出行，无论在哪个国家，必到之处均是儿童的游乐场所，比如儿童公园，大大小小的游乐场，以及街心公园等等，尽可能地让女儿有机会和同龄人自由自在地玩耍。有朋友觉得这样的行程安排实在是浪费时间，不如多参观几个景点，多游览一些名胜。然而，每当看着女儿迅速地和当地的孩子们打成一片，看着孩子们无忧无虑、尽情欢笑的样子，我就知道，我的选择没有错。在泰国的曼谷，逛完亚洲最大的周末集市，我和宝贝一起在集市隔壁的公园玩耍。那里的游乐设施很破旧，但丝毫不妨碍孩子们交朋友、玩游戏。很快，宝贝就带着一个可爱的泰国小姑娘来到我面前，"妈妈，她是我的好朋友"。在孩子之间，语言似乎从来都不是障碍。

在墨尔本的街心公园，似乎每天都有不同的经历。健谈的华人老爷爷说，他把手机忘在了公园的长凳上，三天之后想起来，竟然在原处找回了手机，我和宝贝连连惊叹。最开心的是在傍晚偶遇那些胖乎乎的，在散步或者在爬树的负鼠。每天，宝贝最盼望的是一天的行程结束后，回到街心公园去自由玩耍。一次，她跑过来问我："妈妈，'Can you do this？'是什么意思？"得到答案后，她就快乐地飞跑回去对可爱的金发小伙伴说，"Yes! I can."然后两个语言不通的小女生就开始在各项游玩设施上追逐和挑战。"Can you do this?""Yes! I can."似乎成了她们之间独特的交流方式。

　　一天傍晚,一位妈妈走上前诚恳地对我说:"Your daughter is very nice."尽管宝贝几乎不会英语,却在陪伴和照顾一个不到2岁的小男孩。我第一次深深地感到,微笑可以跨越文化的差异,而善意不需要用语言来表达。在旅途中,我时时体会到吸引力法则的神奇,善意可以吸引善意,好人常常吸引好人。

图8-1　澳洲墨尔本农场

　　位于卢浮宫附近的巴黎杜伊勒里公园,据说曾经是王子公主们玩耍的花园,现在已经向所有市民开放了。由于宝贝爱上了那里的蹦床,我们不得不压缩行程,尽量满足她的要求。那天我们正准备走出一个游乐场的小门,一位法国小姑娘迎面而来,她并没有像我们常常遇到的孩子那样夺门而入,而是优雅地打开门,请我们先出去。蹦床的玩耍时间是5分钟一个场次,管理员一吹哨,连2岁的小宝宝也能守规矩地自动离开。在场外等候的孩子,每人领到一个小小的牌子,坐在台阶上自觉排队等候。悠闲的父母们有的侧卧在蹦床边沿看书,有的时不时鼓励下孩子,孩子们蹦得竭尽全力,花样迭出,一派其乐融融的场景。

图8-2　巴黎杜伊勒里公园蹦床外等待的小朋友

坐在场地外的长凳上,晒着秋天的暖阳,我不由得想起在国内游乐场里遇到的一个场景。一个小孩兴致勃勃地在划船,大概因为是第一次划船,总是掌握不好方向。妈妈在旁边焦急地指挥,如果不是因为隔着水够不着,估计早就亲自上阵了。孩子刚上船时虽然不熟悉,却在兴趣盎然地做着种种尝试,因为船的移动而欣喜,然而在妈妈的强势指挥甚至批评下,孩子越来越不知所措,越来越兴致索然,没到结束时间就弃船了。我总忘不了孩子从欣喜到失落的眼神,也忘不了妈妈严厉的眼神。划船而已,却比上赛场还要紧张,本来是欢乐的游戏时间,却带给孩子深深的挫败感,最后以母子闷闷不乐收场。也许,我们可以尝试像巴黎杜伊勒里公园里的父母一样，悠闲而愉快地享受亲子时光，给孩子更多的机会和时间去自由地探索和成长。更多时候，孩子需要的只是我们关注的目光和几句简单的鼓励。

记得有位教育专家说过，沙和水是孩子们最好的玩具，因为其无形而富有创造力。在法国的卢森堡公园，鲜花绽放的小花园中央矗立着美丽的雕塑，花园里有沙池也有水池，几个孩子在玩沙，继而用水和起了稀泥。几位西装革履的爸爸坐在附近的长凳上聊天，时不时微笑着看看孩子们。我的女儿也迅速加入了和泥的行列，孩子们一会儿跳进水池，一会儿挖沙，忙得不亦乐乎。没有

图8-3 巴黎圣母院广场

家长提醒孩子们"该喝水了""该擦汗了""小心别弄脏衣服",只是在离开时提醒孩子们洗手洗脚。卢森堡公园还有孩子们最爱的木偶戏,我们观看了"三只小猪",虽然说的是法语,宝贝依然全神贯注,兴致盎然。孩子们随着音乐一起歌唱,积极地和演员们互动,整个表演过程,虽然满场都是年龄偏小的孩子,却没有喧哗和哭闹。

在越南芽庄的海滩上,宝贝和越南孩子们一起攀爬大型的充气玩具,每当她爬不上去时,总有人伸出善意的双手帮助她。当她在最高的"充气小山"上犹豫再三,终于跳下时,不少孩子为她欢呼,还有陌生人对她竖起了大拇指。善意的双手和陌生人的欢呼都将成为她在这个世界上勇敢前行的宝贵财富。

二、"你的妈妈真好!"

我不止一次和家长朋友们分享过一块石头的故事,尽管只是一件小事。

和朋友一起自驾穿越青藏线时,途经贵德国家地质公园。孩子们对地上的石头产生了浓厚的兴趣,几个新认识的小伙伴甚至搬着相当大的石头走了很长的距离,乐此不疲。坐电瓶车离开公园时,宝贝的石头不小心掉下了车,我请司机停车,然后跳下车帮宝贝捡回了石头。意料之外的是,回到车上还没坐稳,几个孩子就连声赞叹:"你妈妈真好!""你妈妈太好了,还帮你捡石头!"不止一次分享石头的故事,不是为了说明我是个好妈妈,而是孩子们当时的反应令我很触动,第一次深深地感受到孩子眼中的价值与我们成人是多么的不同。只不过捡起一块石头而已,却收获满满的赞扬。也许,不少父母存在这样

图 8-4 青海湖

的困惑,我为孩子做了这么多,为什么孩子总不知道满足?一点感恩之心都没有。尤其在旅行中,常常听到这样的抱怨,"我这么辛苦地带你出来,你为什么还要乱发脾气?"

图8-5　青藏线旅途中

我们不妨一起回忆一下那些令我们感到失望和迷茫的时刻。当我们在商场精心帮他们挑选衣服时,他们常常表现得不耐烦;当我们自以为是地买回了昂贵的玩具时,他们常常没有一点惊喜之情;当面对着一桌子丰盛的食物时,他们却只惦记着跑出去玩游戏。是物质的丰富,令我们的孩子越来越不知道感恩?抑或是其他的原因呢?

我们再一起回忆一下那些快乐的时刻,孩子们由衷地对我们表示谢意的时刻。花了一元钱,买了那张他喜欢的贴画;在路边等待他10分钟,观察一只慢慢爬过的毛毛虫;允许他把烂树叶、枯树枝带回家;买了一个雪糕或者他喜欢的其他垃圾食品;还有,帮他捡起了一块石头。我们常常从成人的角度出发去评判孩子的需求，"烂树枝脏兮兮的，别带回家""一块破石头，掉了就算了"。在孩子的心目中，小虫子、石头、树叶、树枝都具有独一无二的价值。

你是否觉得这样的画面似曾相识？孩子想买的是 A 玩具，成人经过一番分析说明后，买了更贵的 B 玩具给孩子。然后，一家人别别扭扭地回了家。不断给女儿买裙子的妈妈，不断给儿子买变形金刚的爸爸，给孩子报了这样那样的兴趣班的父母。有时需要保持一种觉察，这些究竟是孩子真实的需要，还是我们成人自己的心理需求。如果是自己的，也无妨，在我们的能力范围内，愉快地弥补自己童年的缺失，去努力填满自己人生的缺憾，但不应该将它强加给孩子，甚至替代和掩盖了孩子的真实需求。

因为孩子的情绪问题，一位妈妈前来咨询。最初这位妈妈很困惑："为什么我给他买了四千元的课桌，给他买了那么多东西，他还是什么都要。如果不买，就大发脾气呢？""这个东西很便宜，不是我不买，我觉得他不需要。""我们周末也经常带孩子出去玩呀。"经过一段时间的咨询，这位妈妈开始觉察："其实每次出去玩都很匆忙，都是我们安排好的，他本来想在游乐场多玩会的，也没有给他时间，我们没有考虑过他的感受。"每个孩子的需求都有所不同，因为每个孩子的性格、兴趣爱好有所不同。有的孩子也许只喜欢玩具车，在经济条件允许的前提下，不妨给孩子多买些车。了解我们的孩子，作为家长这何尝不是最基本的要求？孩子不需要无节制的满足。当你真正地尊重并且满足了孩子的真实需求时，你会发现他是多么的通情达理，他会开始理解，父母也没有能力满足他的所有需求，他会开始懂得，他要靠自己的努力去获取自己想要的东西。

三、"我能再看一会西瓜虫吗？"

规划行程时，需要考虑一家人的需求，其中必然包含着每位成员的妥协和退让。在旅途中，学会互相迁就，甚至在别人的兴趣范围内找到自己的快乐，也是我们一家人在不断磨合与学习的内容。在泰国，我和先生在逛木器市场。宝贝看了一会木雕，渐渐失去兴趣，开始寻找其他目标，一只路过的西瓜虫吸引了她的注意力，在我们计划离开时，她还在饶有兴致地和西瓜虫玩耍。于是，像她自得其乐地等待我们一样，我们也在附近静静地等待她。

图8-6　泰国木器市场

第二部分

人格教育实践

朋友们常常对我女儿兴趣的广泛感到吃惊,回想起来,与培养孩子的专注力一样,培养孩子的兴趣首要的也是不去破坏和打扰。记得在台北的动物园,建筑工人正在用水泥砌台阶,人群熙熙攘攘穿过,并没有谁停留。宝贝却产生了兴趣,于是,我陪着她静静地看涂抹水泥。在墨尔本,她被一间美甲店吸引,先是站在落地玻璃窗外观看,然后悄悄地走了进去,静静地站在一位美女姐姐旁边,姐姐投给她一个善意的微笑。虽然有点小尴尬,但我还是像往常一样在店外静静地等,直到她心满意足地好像自己也画了美丽的指甲一样走出店门。这样的经历还有许多。在台北的街道上,等待她在跆拳道馆里观看别人练习;在巴黎街头,一起站在橱窗外看别人做蛋糕;在越南河内的市场,一边吃一边看老奶奶烙煎饼。我们一起看过刷墙、组装桌子、挖土修路……内容不一而足。

好奇,是人类的天性。好奇心逐渐发展,可以延伸为兴趣,生长出热爱。作为父母,也许我们都还记得襁褓中那双好奇的眼睛,记得蹒跚学步时那双四处探索的小手。究竟从何时起,孩子开始对许多事情渐渐失去了兴趣?也许从我们对他的好奇失去耐心时开始,从我们不断地限制他的行为时开始,从我们对他的失败进行打击时开始,从我们规劝他把兴趣投入"有用"的事情时开始。然后,我们再将他们送入各种各样的兴趣班,重新培养那些被消耗殆尽的兴趣。现实中,不少父母往往只在孩子对学习提不起兴趣时,才意识到自己的教育出现了问题。

奔跑吧,爸妈

——心理学工作者的人格教育实践

 四、"妈妈,我带你们坐头等舱"

每次出行,由于经费所限,我们都会选择经济舱,有时也坐早班机或者夜班机。随着孩子年龄的增长,她开始对行程提出自己的见解,"妈妈,你为什么要选择这么早出发的飞机呢?"有一段时间,宝贝发现飞机上有不同的座位,经过"可以躺下的座位"时,十分羡慕。我告诉她,这里是头等舱。"妈妈,我们能不能也坐头等舱呢?"一如既往,我坦诚地告诉她,爸爸妈妈只能负担得起经济舱的票价,如果要坐头等舱,将来得靠自己的努力。从非洲回来时,十几个小时的飞行十分辛苦,宝贝满怀憧憬地说:"妈妈,将来我带你坐头等舱,我自己坐后边,坐经济舱,我没事儿。"

不知从何时起,"穷养儿子,富养女儿"的概念开始风靡。其实,所谓穷养、富养不过是个伪命题,我们可以仗剑走天涯,却永远无法看尽世界的繁华。我们中的大多数,不能承担头等舱和奢华酒店的费用。欲望的无底洞,用物质是无法填满的。我们所能做的,其实很简单,不去污染孩子的价值观即可。那次,当我眼馋一辆缓缓驶过的某品牌车时,宝贝不屑地说:"一点也没有我们的小黄好看,你这样,小黄会伤心的。"小黄是宝贝给家里的车起的昵称。在故乡洛阳,有一次,宝贝独自在朋友家留宿,第二天回姥姥家,坐在姥姥家里略显破旧的床上感叹:"虽然自己家破点,还是自己家好。"对孩子来说，物质本身不重要，爱的连接更重要。

我们一家人在东京住过胶囊旅馆，在世界各地住过各式各样的客栈，也住过稍豪华的酒店。有的带花园、游泳池和各项设施，有的只有床而已。有一年圣诞前夕，我们预订了香港的迪士尼酒店，由于是圣诞前夕，价格比平时高出不少。结束迪士尼的游玩后，我们搬进了香港市区的平价酒店。躺在价格相差近两千元的平价酒店的飘窗上，宝贝连连赞叹："这里真好，比迪士尼酒店好多了。"在场的两位成年人差点晕过去。

某一相亲电视节目的女嘉宾曾经说，"我宁愿坐在宝马车里哭，也不愿意坐在自行车上笑"。认同也罢，鄙夷也罢，坐在宝马车里哭是一种选择，坐在自行车上笑却是一种能力。只有把幸福牢牢地掌握在自己手里，而不是被物质所牵绊，才能获得真正的自由。住豪华酒店，享受的是高品质的服务和硬件设施；住相对便宜的青旅，与其他客人一起共用厨房和其他设施，可以享受与人交流的乐趣。在巴黎的青旅，白天我们兴致勃勃地探索城市，晚上在公共空间一起看书，一起玩桌上足球。宝贝的好朋友是一位来自阿根廷的老爷爷，尽管语言不通，但是老爷爷借助网络翻译写了一封信给宝贝，从法语翻译成英语，再翻译成中文，表达对宝贝的喜爱和谢意。在拉萨，宝贝教会了服务员哥哥编织手环，每天和附近的藏族小朋友一起玩耍，学会了当地的童谣和游戏。旅途中，最美好的风景是人与人的相遇。快乐可以很简单，与金钱无关，而取决于你自己。有能力时刻体会到人生的乐趣，何尝不是父母留给孩子的宝贵财富？有一次堵车，宝贝在后座突发奇想，自创了一首打击乐，一边敲得不亦乐乎，一边感叹说："原来堵车，也可以很好玩。"

五、"妈妈，你喜欢什么，我给你买！"

每次出行，总有许多新奇好玩的发现，宝贝也很喜欢收集各种各样的旅游纪念品。为了有更好的出行体验，我们逐渐尝试每次出行都设立一笔旅游基金，完全由她自己来支配。集体开支和各项常规开支由父母来支付。最开始，她常常在旅途的前半段就花光了所有的基金，然后一直后悔不迭。渐渐地，她开始在支出前犹豫和斟酌，学会了放弃也学会了选择。在东欧旅行时，她已经能够果断地做出选择，买下一只自己喜欢的泰迪熊，即使同行的人认为其价格昂贵，也丝毫不能影响她的决定，她丝毫不后悔自己的选择。我想，宝贝开始能够透过金钱衡量物品对于个人的相对价值了。在首尔，她又果断地一次性把全部基金投入在一只一见钟情的大白熊身上。一家人经过讨论，最后决定把这

图 8-7　宝贝的小泰迪

只大熊抱回家，虽然多出了一大件行李，为旅途增添了诸多麻烦，但这只大熊却成了每晚陪伴她的最亲密的伙伴。

在法国巴黎的橘园美术馆，我和宝贝一起欣赏完莫奈的作品《睡莲》，我们在礼品店流连忘返。宝贝潇洒地说："妈妈，你看看喜欢什么，只要不超过一百，我买给你！"一百法郎已经是她的全部身家了。其实，宝贝对妈妈如此慷慨大方，已经不是第一次。从最初的买了后悔，到学会做选择，再到热心主动地帮爸爸妈妈实现心愿，宝贝也许离自由和自我更近了一步吧。

在我的心理咨询工作中，发现不少家长抱有这样的想法："如果我把钱给了孩子，他乱花怎么办？""他什么都想买，怎么办？"尊重和信任并不总是自然地发生。信任孩子，对部分家长来说是一件困难的、需要后天学习的事。也许因为幼年时没有体验过被全然信任的感觉，所以在成为父母后又沿袭了相同的模式。严格控制孩子的零食，严格控制孩子吃什么、吃多少，更加严格地控制孩子的学习。孩子时刻处于控制之下，家长才能缓解自己内心的焦虑。如果不控制，他就会无节制地吃垃圾食品；如果不控制，他就不会好好吃饭；如果不控制，他就会整天玩，一定不会好好学习。在咨询中，甚至遇到过为了控制孩子，家长不惜用铁链把孩子锁起来的极端案例，尊重和信任更是无从谈起。被铁链锁起来的孩子，四年级已经开始离家出走，也许是潜意识的作用，孩子不愿回到缺少温情的家，总是忘记回家的时间。

每个生命都是独立的个体，渴望着实现个人的意志，渴望着成为自己。过度控制的结果是叛逆和逃离，因为与成人的力量悬殊，有些孩子表面上不得不顺从，但潜意识却以磨蹭、注意力不集中等其他行为偏差的方式显现出来。有些父母自己看电视、吃零食,甚至抽烟,却要求年幼的孩子不许吃零食,因为这些零食都是所谓的垃圾食品。在父母控制不到的地方,对零食的渴望使孩子不惜拣起别人掉在地上的棒棒糖送进嘴里。在家长的过度掌控下,孩子的自控力失去了发展的机会,孩子学会了屈从和无可奈何的消极配合。连吃几口饭,吃什么都被控制的孩子,不能真实地面对自己的感受。家长的焦虑形成了反作用力,家长越希望孩子多吃些,多吃健康的食品,孩子越是表现为厌食、偏食,当体验到尊重和全然的信任时,孩子会感受到父母的爱,与父母之间产生真正的爱的连接。出于对父母的爱,孩子天然地渴望成为父母喜欢的样子,他们会逐渐学习控制和规范自己的行为,像行驶在爱与包容的轨道上的列车一样,健康快乐地向着正确的方向前进。

六、放慢脚步,让爱随行

每次旅行回来,总有朋友问"那里有什么好玩的",宝贝常常意犹未尽地分享一大堆收获,对沿途的所见所闻津津乐道。最有趣的是在日本,宝贝对所有的自动化装置都兴趣十足,她在日本旅行的一个"重点"就是洗手间,把化妆间、婴儿护理设施、智能马桶盖、智能垃圾桶都仔细地研究了个遍。时隔一两年,还经常总结分享,"日本有一种垃圾桶是感应式的,这样你丢垃圾时就不会把手弄脏,日本洗手间的自动冲水每次都是在你离开之后才冲,这样才更合理"。法国巴黎的地铁颇有些岁月,所以很少有自动门,宝贝对各种开门的小机械装置产生了兴趣,仔细观察别人如何使用,抓住每次坐地铁的机会充满热情地尝试,开门也成了她搭乘地铁的乐趣之一。以前到了新的酒店,总是我教她如何开灯、如何开窗、如何使用淋浴。现在剧情已经彻底反转了,"宝贝!灯在哪里呀?""宝贝,这个窗户怎么打不开呀?"她俨然是个小专家,轻易地帮我们解决各种问题。

记得一位妈妈在咨询孩子的情绪问题时,逐渐觉察到自己对孩子的感受和需求的忽略。"我们常常带孩子出去玩,但似乎一家人总是很赶时间,没有问过他想玩什么,想去哪里,都是我们安排好了,有时候他想在游乐场里多玩一会也没有时间。"步履匆匆似乎是我们现代人的特征,吃饭的时候刷手机,生

奔跑吧，爸妈
——心理学工作者的人格教育实践

怕错过不断更新的资讯，也没有心思去细细品尝食物的美味；旅行时不断地从一个景点赶到下一个景点，从一个城市赶到下一个城市，留下的似乎只有照片。我们总在往前赶，而忘记了当下；我们总在往前赶，无法顾及孩子的感受；我们总在往前赶，连感官都渐渐麻木。然而，像花朵一样美好的孩子们，他们对世界充满了向往，他们渴望用自己稚嫩的双手去触摸，用自己笨拙的脚步去丈量，用自己的眼睛去发现，用自己的耳朵去倾听。他们需要时间，需要成人放慢脚步陪伴他们一起去感受。

在埃菲尔铁塔，宝贝执意不坐电梯，带着我从台阶攀爬这个钢铁巨人，于是我们在不同的高度看到了不同的风景。在第一平台了解埃菲尔铁塔的历史，了解世界上所有的高塔和高楼时，宝贝惊喜地发现："妈妈，看，这是我们广州的小蛮腰。"沿途的人们友好地为我加油，"Hi, your daughter is ahead of you."铁塔顶层，恋人们紧紧相拥，朋友们举起红酒杯等待落日。铁塔下的一张照片可以纪念到此一游，然而，如果太过步履匆匆，又将错过多少动人的时刻，错过多少沿途的美景，孩子又能收获些什么呢？

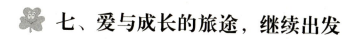 七、爱与成长的旅途，继续出发

从宝贝不到 1 岁起，不知不觉间我们的足迹已经遍布了五大洲的几十个国家。带着蹒跚学步的她出门时，常常听到各种质疑，"孩子这么小，什么也记不住，带她出门有什么意义呢？"

的确，每个人 3 岁前的记忆似乎都很模糊。但心理学的研究早已表明 0 到 3 岁是人格、性格发展的重要时期，那些封存在孩子脑海中的记忆奠定了生命的基色。10 岁的女儿对世界始终充满好奇，对未知的事物总是兴趣十足，似乎总有着用不完的精力，乐于与各种各样的人交朋友，善于从普通的生活中发现乐趣，相信她的性格塑造与旅行是密不可分的。

第一次去泰国，不到 1 岁的宝贝顶着与贝克汉姆同款的"莫西干头"。旅途中，不知道有多少善意的人们求合影、求抱抱，小小的她不知不觉间把快乐带给了别人，同时也收获了许多快乐。她早已忘记 1 岁时去泰国的经历，但陌生人的微笑与拥抱却悄悄地赋予了她与人交往的信心和安全感。在许多地方，与素昧平生的人相逢、相识，甚至相知，成为朋友，这些美好的经历是她在人际交往中保持主动并且能够享受乐趣的重要原因。

我更认同旅行是一种生活方式。在旅行的模式中，脱离了日常，我们放下了平时所扮演的各种身份和角色，人与人之间的关系变得单纯而美好。这样的

体验,似乎打开了生命的另一个维度。非洲肯尼亚之旅,置身于广袤的荒原,对大自然的敬畏之情油然而生;角马大迁徙的壮观,使我们重新体验了生命的意义,学会了尊重。在不同的国家和城市,体验着不同的文化和生活方式,在佛前笃信虔诚的泰国人,在街头为了女性权益而集体穿高跟鞋游行的澳洲人,在雨中闲庭信步的法国人,在烈日下毫无遮拦地躺在路边的非洲人。生活原来可以有许多不同的样貌,正是这些不同使我们在不知不觉中学会了接纳和宽容。

图8-8 非洲肯尼亚

每次旅行，是重塑亲子关系的契机，也是家长与孩子共同成长的历程。尝试放下世俗的羁绊，放下原有的判断，放下诸多的不满，放空自己，学习像孩子一样放慢脚步、充满好奇，重新去体验世界的美好，去发现自己和孩子的另一面。

期待，下一次的出发……

奔跑吧，爸妈
——心理学工作者的人格教育实践

爱伴成长

李 巧

第二部分
人格教育实践

 作者简介

李巧 国家二级心理咨询师，高级家庭教育指导师，正面管教（美国）家长讲师，沙盘游戏咨询师（中级），中级CAP（校园心理援助）执行师，助理社工师，深圳市爱普希咨询公司签约心理咨询师、讲师，深圳市心灵119心理咨询志愿者，惠州市心理文化健康协会签约咨询师、讲师。

奔跑吧，爸妈
——心理学工作者的人格教育实践

当自己还是单身一人的时候，觉得身边的人都正值青春；当踏入婚姻开始孕育生命时，发现周围居然这么多的孕妇；十月怀胎一朝分娩后，带着宝宝在各种场合时，像是满世界突然间冒出了那么多跟自家孩子相似的小宝宝！都说"天下大同"不易，那时候我几乎觉得天下简直就是处处类同！当自己有了孩子之后，接触了一些年轻父母，开始觉得育儿这条路上，更是从来不乏同道的战友。

家有婴儿的妈妈们相互交流孩子的喂养问题；刚会走路的孩子的妈妈们聊着孩子身体和语言发育发展的情况；再大点孩子的家长们互相"控诉"孩子的行为习惯问题……这条"长征"路上困难重重，所有人为了爱，风雨无阻地坚持前行。养育孩子这件事似乎从来没有像今天这样被人们所重视，这个庞大的队伍迷茫而焦虑地急切盼望着孩子能够健康顺利地成长，且自己不被牵绊。

近十年，我感受到养育孩子的时光就是和孩子互爱相处、一起经历各个时期的生命抛物线、共同体验各种酸甜苦辣的成长历程。爱滋润着我的家庭，爱伴随着孩子成长。

一、找回自己

一次,看访谈节目,几位妈妈分享自己有了孩子之后的变化。

有的说还好,只是服饰穿着变得保守些了;

有的说自己的婚姻生活变得忙碌了,更有目标了;

也有的说夫妻之间的分歧更多了,家庭矛盾和争吵变多了……

其中一位妈妈说:"变得没了自己了……"

这句话像开启开关般使我瞬间想到自己——曾经,我也丢了自己。

(一)宝贝湿疹,我迷失了

9年前,正当我停职休息时,迎来了第一个小生命。和家人商量后,我决定全职在家,边休养身体,边等候小宝贝的降生。

第一次做妈妈,什么都不懂,就去网上到处搜查资料,听胎教音乐,了解孕期各阶段胎儿情况和妈妈该做的事,建立QQ群相互讨论育儿知识,等等。

面对上天赐给我的第一个孩子,那种奇特而欣喜的感觉令我很自然地投入了我所有的心力和热情。葱葱虽然早产,但在全家人的细心呵护下每天都笑呵呵的,几乎听不到他的哭声。孩子半岁了,楼下邻居还不知道我们家有了小孩。每天晚上 8 点，他在我的怀里听我唱半个小时的儿歌安然入睡。

第二个孩子晨晨出生后，我开始感受到育儿的挑战。

那时，我们全家已经从深圳搬到了惠州，丈夫每个周末回家。冬天出生的小儿子从 3 个月大时就开始长湿疹，由于一开始湿疹并不严重便没有重视，婆婆说我给孩子穿得太少，在维持良好婆媳关系和孩子的科学养育之间，在跟婆婆还没有建立足够的了解和信任的情况下，我选择了一心避免家庭冲突，没有坚持科学的护理，结果湿疹发展得越来越严重。

那是他生命中的第一个夏天，可严重的湿疹使他从脸到脚全身都长了红点，孩子痒得浑身上下到处抓，我一个眨眼他就把自己抓得血肉模糊！整个夏天孩子几乎都没穿衣服，整天待在空调房里，那时的我就是时刻陪在孩子身边的防护员，分分秒秒尽力地看护着孩子，眼睛眨都不敢眨。

一开始我还会经常心疼地抱着孩子，到后来我简直就成了机械地、只会抓狂地阻止孩子抓伤身体的机器人一般了。每天晚上就让孩子枕着我的手，整晚地搂着孩子睡觉，只要他稍动一下我就会马上醒来，尽可能地防止他抓伤自己。那时我最大的乐趣就是看两个孩子一起玩耍、一起笑，尽管这样的时光很难得。

天气凉一点之后我就开启了到处奔波求医问药的模式，这一开始就是漫长的 4 年多时间。小儿子一岁半时，姥爷姥姥因为要帮我的三弟带孩子都回了老家，我每天都忙得筋疲力尽。有一天晚上，我看到忽略多年的日记本，才突然发现我找不到自己了！曾几何时，我把自己给弄丢了！

从那以后，我才逐渐开始慢慢反省、觉察，学着照料自己的情绪，忠于自己的感受，陪伴孩子感受他们的感受；同时也学着给自己空间，觉察自己，寻找成长的方向；陪伴被湿疹困扰的孩子逐渐从中解脱出来。

几年以后，当我作为一个心理咨询师，接触了很多各个年龄段孩子的父母们，发现这种为了照顾孩子忙得昏天黑地，忙得忘了爱自己、忘了爱伴侣的父母们，尤其是妈妈们不在少数。当孩子在0～7岁，尤其是0～3岁时，身体快速生长，这个阶段需要感受到来自父母的无条件接纳，感受到他们是父母生命里最重要的。若父母们只重视给予孩子生理营养，就可能忽略心理的滋养，往往此时孩子的身心需要就会失衡。这些也会随着孩子年龄的增长，而对不同气质类型的孩子的人格健康产生不同程度的影响，其中不乏延续一辈子的影响。

（二）润物有声，因爱成长

小儿子2岁半时我坚持把他送进了幼儿园，我太了解他的难受和他的痛，希望新的环境能让他转移注意力，跟同龄小朋友一起相处玩耍能让他忘记痒和痛。上幼儿园后他适应较好，身上抓伤也少了一些。俩孩子都上了幼儿园，不论是学校的活动还是班级的活动我都积极认真地参与，我希望也相信孩子能感受到我在努力参与、支持他们成长。

我很努力地配合学校和老师，积极参与每一次大小活动。学校每周三晚上的父母课堂我从头到尾地坚持上课，力求知行合一地用到平时的育儿生活中，班级家长会上积极发言建议，作为家委会成员组织参与班级活动，被推荐作为

奔跑吧，爸妈
——心理学工作者的人格教育实践

学校家委会代表发言，等等。

放学后和周末的时间，我带着俩孩子去公园玩耍、去体育馆打球锻炼身体、去适合他们年龄运动程度的小山头爬山、跟他们同学的妈妈一起结伴带孩子去野外各处亲近大自然等等，在家尽量抽时间陪孩子玩水、玩泡泡、做沙画、涂鸦……我以为自己对孩子的教育已经尽心尽力了，却不料孩子开始出现了状况。

那时的我只是一味地"努力着"。孩子是父母的"复印件"，更是父母的老师。孩子的行为反映出他们的需要，暗示父母需要怎么照顾他们，要怎样做父母。看到日益长大的孩子，陪伴他们点滴进步的同时，我感受到自己也需要学习进步，提升"原件"的品质。我希望自己不断成长，来引领和陪伴孩子，当孩子体现需要或出现问题时我能从容陪伴，适时提供需要的帮助，而不是慌乱焦虑得不知所措。

于是我陆续上了一些课程，经过一番了解和考虑之后，我决定报考三级心理咨询师、初级社工师。接下来就一发不可收拾，我报考了高级家庭教育指导师、二级心理咨询师、中级社工师，参加心理咨询师督导班，以及各种沙龙、团体活动等，奔跑于深圳、惠州两地到处学习。陪伴孩子的时间不知不觉中被压缩，我除了照顾两个孩子的日常生活之外，就是看书、自学、备考。那段时间里，已多年不曾考试的我，顶着各种压力努力着。

这时俩孩子尤其是弟弟，开始出现有事没事就哭闹不止的情况，慢慢地还会摔东西，谁靠近他、安慰他，他就打谁。此时的我看不到孩子哭闹背后的需要，而是被他激发了焦虑，在表面平和、内心压抑的探寻中迷失自己。我不断

第二部分
人格教育实践

地尝试与摸索各种方法，安慰、哄劝、试图跟孩子讲道理甚至惩罚，孩子还是会哭个不停，每天从幼儿园回家后还会闹两三次，哭闹一个多小时也不少见。长期缠身的湿疹虽然没有剥夺他很多的第一次带给我们的惊喜，却也让我没能对他张弛有度，不忍对他像对哥哥一样严格。哪怕他对我拳打脚踢，我也只是使劲地抱紧他想尽力安抚他。

丈夫周末回来看到孩子闹情绪就简单直接地吼、责备，不许孩子哭，不允许孩子发脾气，对孩子吃饭盯得特别紧，孩子就更紧张。我努力探寻突破这种恶性循环的方法，时间长了我觉察到一个规律：几乎每个周一和周二，孩子都会经历一个情绪发泄的周期，那两天上学、放学都会借故哭闹，每天好几次。

于是，我将一切归因于丈夫的教育方式。我们夫妻间的教育理念差异大、沟通太少，尝试沟通却收效甚微，觉得不被理解的我情绪起伏不定。尤其是当两个孩子同时哭闹的时候，一时解决不了问题的我，会连自己的情绪也被激发，也会忍不住生气！就像回到当初面对他湿疹严重期时无数次奇痒无比、每次抓得满身伤痕时一样，当孩子哭闹不止时，我也会陷入紧张无助的焦虑中。

我一味地理解包容和偶尔爆发没能让情况得到改善，很长时间都没能觉察到自己在当下那种家庭生活和自我追求之间的失衡状态，更没有觉察到孩子受到了我的焦虑情绪的"感染"。所幸，我自己反省之后有时候会跟孩子道歉，偶尔在自己感觉很无力的时候，也跟他们说："每个人都会有心情不好或者发脾气的时候，你们会，妈妈也会，下次妈妈发脾气的时候，你们提醒妈妈，好不好？你们可以跟妈妈说'妈妈，你别生气了'，也许妈妈就不会生气了。"之后孩子们果然会提醒我，我也就很快破"气"为笑，马上就气消了。

奔跑吧，爸妈
——心理学工作者的人格教育实践

许久之后我才明白，孩子哭闹正是爱的呼唤！遇到困难又不知道怎么办时，孩子希望获得妈妈的关注和支持。在爸爸妈妈遭遇困境或遭受情绪困扰时，往往孩子能最为敏锐地感受到父母的感受，只是他们说不清道不明，不懂怎么用语言来表达，从而在焦躁不安之中，受压力状态的影响表现出成人不喜欢或不接受的言行。

而日常生活中，忙得停不下来的爸爸妈妈们经常在孩子哭闹时，聚焦在问题的解决上，而忽略了孩子的感受，不允许哭泣或愤怒等情绪表达。我们当中不乏高学历、高智商，或事业成功的父母，可孩子真的只需要我们帮他们解决问题吗？不，孩子更渴望爸爸妈妈这个时候能关注他们，仔细聆听，给予面对感受和处理情绪的帮助；他们需要父母帮助他们明白，遇到挫折时，伤心难受是正常的、是被允许和被接纳的、是暂时的、是会过去的；希望父母知道他们在担心和爱护父母，需要父母这时能给他们信心和信任，而父母自己也能处理好自己的情绪和问题。

孩子是父母的一面镜子。当我们从孩子的这些表象中洞察到孩子无形的情感诉求，及时看到孩子行为背后爱的需求和深深的爱时，我们就会走出自己的情绪旋涡，去陪伴孩子，回应孩子的需要。

这时无论困难本身是否得到解决，当爱在我们之间流动起来，彼此的情感需求得到满足之后，情绪自然归复平和或愉悦。同时，不知不觉中注意聚焦点转移，潜意识中解决事情的思维进入继续酝酿阶段。孩子得到关注和情感满足之后也会较快地转换到新的探索和体验。爱的往返也是"磨刀不误砍柴工"啊！

当我感受到孩子需要我的爱，当我找回了自己，面对需要做的事情和应该做的事情，并尽力去做自己能做的事时，孩子的湿疹复发次数越来越少，直至现在再也没有复发。当我步入心理学和家庭教育领域的学习，并最终回归自我时，我慢慢看见自己、看见孩子，我们的生活也结束了那种恼人的哭闹循环。

哥哥说："现在妈妈进步了，越来越温柔了；弟弟也进步多了，以前经常哭，而且一哭就要半个小时甚至一个多小时，现在只要几分钟就好了；我也进步了……"感谢那段痛并爱着的时光，让我们感受着真切，彼此牵手成长！风雨之后见彩虹，有苦、有乐、有反思、有成长。

二、把成长还给孩子

（一）因材施"育"

我的两个儿子相差 1 岁 8 个月，平时他俩哭闹最多的原因就是各种不公平，比如争抢零食或玩具，争抢父母的陪伴和给予，争抢玩游戏，等等，经常会争抢到哭闹不止。

记得弟弟晨晨开始懂得要玩具玩的时候大概一岁，那时兄弟俩经常争抢玩具，弟弟抢不到就哭。只要弟弟哭了，爷爷奶奶就着急，奶奶赶紧说哥哥要让着弟弟，爷爷马上一言不发地替小孙子抢过玩具，场面立刻发生反转，弟弟笑了，哥哥哭了。从此我特别看重公平这回事，买玩具买双份，甚至力求一模一样；吃东西两份一样多；衣服除了尺码不同，其他都一样。后来兄弟俩连倒水、喝牛奶也要两杯一样多。

时间长了，我有时候会感到为难。兄弟俩的性格喜好不同，哥哥偏爱安静，弟弟喜欢热闹；哥哥重原则，弟弟较随性；吃饺子哥哥吃皮不吃馅，弟弟吃馅不吃皮；吃菜哥哥爱吃清淡的，弟弟爱吃味道重的；两人喜欢的玩具也不一样。所有的都给予兄弟俩相同的，对他俩来说真正公平吗？

于是，我开始言语引导他们注意到彼此的不同，哥哥有哥哥的优点，弟弟也有自己的优点，各自最喜欢的东西也不一样，等等。分发零食和牛奶也开始出现区别，基于对他们的了解会有多有少，在这些过程中我观察到孩子基本都能接受，偶尔会有要求，我再根据需要调整一下。慢慢地他们大一些了，我会跟他们商量，会先分别征求他俩的意见和想法。总之，以前的那些哭闹少多了，现在的我再也不用因为纠结于绝对公平而为难了。

如同因材施教，"世上没有两片一样的叶子"，每个孩子天性就不一样，每个人的需要也不同，给予他真正需要的才是真正的公平。这样既能让孩子了解和接纳自己，明白与众不同是被接纳和允许的，能够做自己，有助于自我认同，也有助于引导孩子探索认识自我，有自信、有底气，不容易在人云亦云中迷失，不盲目从众。父母不需要刻意去思考怎样给予，只要根据对孩子的了解和感受到他们的需要去做。这样一来就少了纠结，多了安稳；少了焦虑，多了笃定。顺其自然地给予每个孩子真正需要的爱，拥有彼此间有独立的心理空间而又亲密联结的亲子关系。

（二）引导变通

记得大儿子葱葱3岁前后的一段时间，小家伙吃饭不光慢，还经常不肯吃。春节那会儿孩子的爸爸在家，他生怕孩子饿着，曾经连续几个晚上半夜起来给孩子蒸鸡蛋吃，孩子居然可以连续三次把鸡蛋都吃完！看来不是胃口原因，于是我开始换花样单独给他弄吃的，米饭不吃就弄面条，面条不吃就换云吞，再不然就换粥，发现这种方式也不奏效，只好再想办法。

有一天，喝汤之后我啃了个大骨头，我注意到在我啃骨头的时候，两个小家伙都睁大眼睛认真地盯着我,一个个都馋得快流口水了!弟弟索性伸手来抓我嘴里啃的骨头,哈哈!好,要的就是这种效果!无意中我大受启发——既然这样,何不来点逆向思维,由之前的百般哄喂改成我抢着吃,看他着急不着急!嘿嘿。这次之后我就改变了之前的做法。

第二天的早餐是面条。小家伙照常不吃,我一反常态地一点都不催,加快速度吃自己的面条,我一边吃一边说:"嗯,我要快点吃,吃完好去抢葱葱的面条!"说第一遍他好像没什么反应,我继续快速吃,故意不看他,边吃边看他的碗。我又说了两遍要抢他的面条,他才开始注意我的话。我假装只看他碗里的面条,很大口地快速吃着,眼睛的余光在看他的反应,不记得我重复几次之后他开始看我,大概是还不懂什么是抢,他还是没动。

等到我终于吃完自己的那碗面,抓过他的面就吃,一边很开心地说:"我的吃完了,我要抢葱葱的啦!""嗯,真好吃!"他就"哇"的一声哭了!这次之后,只要一吃饭,我就说"抢",我一说"抢",葱葱就着急,马上就抓起勺子开始吃。至此,大儿子不吃饭的难题就逐渐解决了,现在的他吃饭习惯很好,再也不需要我操心。

有的时候,打破常规反而会事半功倍。几年来,不只是吃饭,这招对哥哥简直百试百灵。可这招对弟弟很多时候却是无效,不过也偶有例外,比如洗碗。平时,弟弟在家吃饭时几乎每次都是最后一个吃完,为了让他吃饭快点我试了不少方法。有一次我把所有的碗都洗完了、收拾好了他才吃完,我就叫他洗自己的碗,他很干脆地就去洗了,虽然洗得不干净,我也很开心。

之后的一次周五晚上,吃饭的时候我说:"你们俩谁先吃完谁就可以洗碗啊。"（我的语气完全让孩子觉得那是妈妈的一种奖励）不料先后差不多同时吃完的两个小家伙居然抢着洗碗！当然，结果自然是好不容易跟哥哥一起吃完的弟弟抢到了洗碗的机会！

自那以后，这样的办法成功用了好几次，眼看快要成功，一次周日兄弟俩都想先吃完争着去洗碗时，爸爸见状随口说："谁最后吃完谁洗碗！"一听这句话，两个孩子都不约而同地从厨房折回，飞快地跑了。谁也不愿意做最后吃完的那个人，不愿意接受惩罚，结果可想而知，让他俩抢洗碗这事就泡汤了，又轮到我"荣获"每餐洗碗资格。

孩子们后来在日常学习和生活中有时也会打破常规，逆向思维或多元思维思考和处理一些事情。引导孩子从多种角度看待和处理事物，能使事态出现不同的结果。农耕时代我们父母们的生活方式，在现在的信息化时代很多已经不合时宜。如果我们还是只沿用旧有的方式就无法突破时代的制约，跟不上现今社会背景下孩子的思维发展，从而导致孩子出现防御机制下的不当保护行为和所谓的"不听话问题"。那么就需要我们与时俱进地以多元化思维来保护孩子的天性、激活孩子的思维，有力地支持和保护孩子的自信心和创造性，引导孩子从多种视角看待事物，培养孩子结果导向地灵活选择处理问题的方式。

（三）信任促进独立发展

在家里玩排队游戏，弟弟往往都是排在最后一个。他一直说在家里爸爸是老大，他是老四。弟弟7个月大的时候就能模仿我的嘴型说"捡"（奶瓶），语言表达能力强。他的动手能力也非常棒，一堆积木在他手上简直是百变，三四岁时可以独自专注地玩一个多小时都不重复，连我都羡慕和佩服。我更佩服他的独立自理能力，1岁多的他就会自己吃饭、穿脱衣服、擦屁股，不用其他人帮忙。上幼儿园后接触蒙氏教育没多久就会自己扣扣子（有时候会上下扣错）、倒水（尽管会倒洒）这些难度比较大的动作。

但是，不知从什么时候开始，他的独立不见了，我反而经常感受到他强烈的依赖性。家中有两个孩子时有些事情会"交叉感染"，更不容易明白其中的原因和本质，也找不到可以采取的解决方法。无论我怎么引导两个孩子相处和联结情感，每次到要付出的时候，比如收拾玩具、整理图书、打扫房间，几乎都是哥哥做，弟弟做一下就玩去了，加上爸爸偶尔会叫哥哥让着弟弟，弟弟似乎理所应当地认为自己是被照顾的对象，让他做什么都磨蹭着就过了。我试了一些办法去改变，但都因遇到各种阻力没能坚持下去，可我总觉得他不该是这样的。

有阵子我病了，弟弟却一反常态。最开始的几天都是丈夫在家照顾我，后来丈夫要去香港出差，见我病情好转了点，他就按预定时间走了。丈夫走后第三天，我的病情又加重了，家里就只剩下我和两个孩子，一日三餐都成问题。几位得知情况的朋友和邻居都主动地热心帮忙，又是帮我做饭搞卫生，又是接送孩子。

一天晚上吃完饭，我不好意思再麻烦邻居，就跟孩子说："妈妈身体不舒服，谁能洗下你们的饭盒？"往往第一个站出来承担责任的哥哥因为几天前徒步18千米脚不舒服，他一边用手捶打自己的脚一边说："我的脚痛。"弟弟说:"我不想做。"我无力地说:"哥哥的脚痛,我理解。弟弟不想做,我也理解。可你们明天要用的饭盒还没洗,怎么办?"大家沉默了一会,就看到弟弟一言不发地起身,拿起哥哥和自己的饭盒就走去厨房!

惊喜之余,想到他还不太会洗,担心他洗不干净导致自己不满意,反而会让他对自己这次主动承担的体验满意度大打折扣,于是打算去卧室休息的我强撑着折回厨房,站在他身边,以便及时提供他需要的"技术支持",让他可以顺利地洗碗。果然,我在旁边提醒他洗碗的步骤和他疏忽的细节,偶尔肯定一下他做得好的地方,他很开心地都照着提示做了。

看着孩子那么认真地努力洗着,我突然一阵感动,想起两三年前的一个周末,我得了重感冒,还遇上丈夫出差,没有人可以照顾我。头重脚轻的我披条被子缩在沙发上,只得跟孩子们说妈妈生病了。然后哥哥自告奋勇地去煮云吞,弟弟屁颠屁颠地跑去给我倒来开水。晚餐后,两个都还没上小学的小家伙去抬了一盆水给我泡脚,还帮我脱袜子、洗脚、擦干脚,然后自己洗澡……

这时眼前的弟弟终于洗完饭盒和碗,满脸洋溢着欢喜,内心的愉悦和成就感全都绽放在小脸蛋上……

我曾经也以为,孩子还小,什么都不会做,也不懂。可患难之处显担当,当经历病痛、生活波折时,孩子瞬间成长,毅然一起承受、分担!

一次咨询中听到一个孩子跟父亲说:"爸爸,你为什么要那么辛苦?你知道吗,看着你那么累,我也觉得很辛苦。"每个人都是生命轮回中的一环,我们陪伴孩子一程,孩子也参与我们的生命,原本就谁也不欠谁,不论付出或得到多与少。曾经的教育造就了我们上对父母"报喜不报忧",下给孩子努力铺平前行的路，替下一代承担一切，以为这样就无愧于我们的父母和孩子。殊不知，我们毫无知觉地传递给了孩子一个承担所有压力、忘却感受自身生命过程的接力棒！

一位高中生对其父母说："你为什么要生我？我又没要你们为我做这些！"父母觉得无法理解。妈妈说："我爱你才会这样做！"爸爸说："这个世界上我是为你考虑最多的人！"父母们承担了所有，想要给孩子挡住所有的风吹雨打，不想让孩子吃苦受累，拼命赚钱给孩子买他想要的东西、读最好的学校、安排最好的前程。如果有可能，很多父母能包办孩子所有要做的事，甚至愿意替孩子活过。殊不知，这样却剥夺了孩子经历生活的苦与乐、体验挫折、感受存在的机会，而这又是谁的人生呢？

如果我们透支自己的生命去把孩子的路铺平顺，孩子没有承担过，他何来的承受力、担当力、责任感和抗挫折能力呢？当有一天我们无法再陪伴保护他时，他还没有历经锻炼，遇到困难和危险时他又怎能保护自己呢？

成长是一个漫长的过程，更是一个动态发展的过程。生命的魅力就在于，随时都会发生变化。只要相信孩子的精神内核和生命潜能，没有什么不可能。只有信任孩子、不否定孩子，才能不破坏孩子的天性；只有逐渐适时放手，让孩子自然经历体验他的生活和他的人生中的各种境遇，孩子才有机会激发潜能、历练提升生存能力，才能成长为他本来的样子。让孩子相信美好、相信成长，孩子就会有机会带我们看见美好、看到无限的可能！

（四）直面焦虑，成长不设限

有一次，我在智慧家长群上完微课后，一位妈妈提问说："我家孩子很胆小，怎么办？带他到小区里玩，他就躲在我身边，不肯去跟小朋友们一起玩。"另一位6岁男孩的妈妈来咨询孩子的问题，说："我家儿子6岁了，不敢一个人坐电梯，不敢在小区里玩，一定要大人陪着怎么办？"家长们为孩子"胆小"焦虑不已。

在各个儿童游乐场所，时常会看到一群幼儿在一起热闹玩耍时，或开始一些活动时，某个孩子只是在一旁静静地看着，迟迟不愿意参与进去。我在游乐场留意这样的情形时，会看到爸爸妈妈们马上着急地引导或诱惑孩子："宝贝，你也去啊，你也过去一起玩啊，你看那些小朋友玩得多开心啊！"

在我观察的幼儿园里出现这样的情况时，老师们往往会尊重孩子想要独处的意愿，只在孩子需要的时候给予帮助。如果不需要帮助，这样的孩子往往会在人群外默默观察、模仿、思考，通常一段时间之后，他就会主动走进并融入群体。

每个孩子的天性不一样。有的孩子机敏好动，容易获得关注；有的孩子安静内敛，容易被人群忽视。但没有外在的行为活动并不等于没有内在的心理活动。在人群外观察，正是某些孩子适应新环境、学习的一种方式，类似"预热"。通过这一过程，孩子获得心理上的安全感，智能得以充分启动。当他准备好了才会融入群体，而一旦融入新环境，这样的孩子往往表现出极高的专注度，也很有自己的主见。

倘若家长仅通过外在的表象就给孩子贴上"胆小、不善交际"的标签，孩子便会被干扰和破坏，难以放开自己，更不用说展现潜力了。长辈们充满焦虑的期待会给孩子带来伤害，而等待沉默的独处背后正是孩子在体验自我感受和看似曲折的成长，我们不如慢慢来，等一等孩子。

记得一位高一男生来访者因为不擅长人际交往、行动力差而苦恼。咨询中得知他的家教很严，从小父母对他各方面都管教严厉，比如每天放学后要第一时间回家、不许跟同学出去玩、不让上网。他的学习成绩很好，家长就让他一心学习，什么都不让他操心。早上起床醒不来，妈妈就把牛奶端到床边给他喝；晚上写作业，妈妈削好水果喂到他嘴里。他说："我也想跟同学一起出去玩，可是又不想爸妈担心责骂，不得不违心放弃，心里好难受啊！衣服鞋袜也从来都是爸妈给我买好，这样是很轻松，可是我的内心却痛恨自己的这种依赖！痛恨爸妈无微不至的包办！我现在什么都不想做，也不知道自己能做什么……"这个孩子的爸爸妈妈怎么都没料到他们的煞费苦心换来的却是儿子的抗拒和痛恨！孩子并没有因为父母的苦心而感到特别幸福，反而因此遭受了更多的挫折和痛苦。

适当的保护看起来可以避免危险、减少麻烦，可过度的保护和限制则会降低孩子的成就动机，造成无力感。成人的过度保护正是因为家长的焦虑和对孩子的不够信任。上一代人因为父母忙于生计等，他们在成长中受到的保护和干涉较少，拥有自由的生活体验和心理空间，如同树苗根基稳健强壮，风吹雨打也难影响它蓬勃生长。而如今，当父母越来越多地主导控制时，爱却已经低头。

孩子被当成盆景，在室内备受呵护，自身的情感和需求被极度压抑，缺少自我觉察和自我探索的机会，就会弱化最原始的生命力。

父母是孩子的第一任导师，更是与孩子风雨同行的那个人。作为父母，也是领跑者，和孩子一路走的时候，父母跑得非常努力，孩子也会努力跟上你的脚步。孩子也许不会记得父母给过他多少物质上的东西，但父母的生活之道会深深地铭刻进他的生命里。每个人都会承接原生家庭的影响，你想要求孩子成为最好的小孩，却留给他创伤或压抑吗？还是愿意用积极努力地生活言传身教，送给他远行的无穷动力？让孩子自己经历，他才能做自己，去慢慢形成自己的步伐和节奏，形成自身的价值观，从容而努力地面对生活。

三、逐渐放飞,"爱"恒不变

    我至今还对一次咨询印象深刻。每次想起,脑海里就浮现出那位三年级男生。他坐在咨询室的沙发上,稍稍低着头,坐立不安的样子。慢慢地他的小脑袋开始抬高朝前看向我,跟我说他口渴,却一动不动。2分钟之后他再次说他口渴了,接下来他既没有去倒水喝,也没有问哪里有水喝,依然一动不动。后来得知他是感到口很渴了,他不动是想等着有人给他倒水喝,因为他在家里从来都是爸爸妈妈给他倒水喝的,不知道在别的地方想喝水了得自己去找杯子倒水喝。还有一个四年级学生的鞋带松了,提醒他之后不会系,既不会自己系鞋带也不请人帮忙,一脸茫然……

    我们很多家长说:现在的孩子不像我们小时候,我们像他们这么大的时候都会做很多事了。可现在的孩子什么事也不会做,什么都做不好,教也教不会,还不如自己做,省得看着着急上火还添堵。听到这样的话时,我经常会想起教孩子走路的经历。一个孩子出生后从只能躺着到能翻身,再到五六个月能坐稳,七八个月会慢慢爬,一岁左右开始学走路。刚开始每次只能是爸爸妈妈扶着站一会儿就倒;随着腿部的发育,每次能站的时间越来越长,慢慢地爸爸妈妈拉着两只小手就可以走出一两米了;再到后来,抓着几根手指就可以走甚至小跑了,扶着东西可以一直走。宝贝经历了无数次摔跤后的挫败哭闹,无数

第二部分

人格教育实践

次摔倒后由父母抱起来或扶起来,最后孩子终于能独自站立、自由行走。这个过程往往要一年多,一直到孩子第一次独立走路时,我们欢呼雀跃、欣喜不已,虽然孩子在这之后还会摔跤。为了学会这一种行为,我们陪伴孩子经历了如此漫长而循序渐进的练习。而后来,孩子要学的、要做的事情或难或易,我们都期盼他们能学得快、做得好,成绩不好或不稳定就怒其不争,做作业做不好就急火攻心,家务什么的做不好就不让他们做了,免得气得心脏病发作。这样下去会怎样呢?如果不能获得我们想要的结果,我们是否可以逐渐教会孩子越来越多的生活和发展的能力,再逐步放手呢?

  李玫瑾教授曾说:"父母从小要给孩子植入分享家务的概念。哪怕是让孩子帮着拿一双拖鞋、倒一杯水,都能从小引导孩子成为一个会照顾父母的人。"哈佛大学一项长达20年的研究表明,爱做家务的孩子跟不爱做家务的相比,就业率为15∶1,前者的收入比后者高20%,而且婚姻更幸福。家务是锻炼孩子的能力和责任心的一部分,父母既不可不放手,也不能突然甩手。只有父母逐渐放手,孩子才能有机会在生活中锻炼自己;孩子因为得到父母越来越多放手的信任,反而会比在禁止和不停关怀中成长的孩子更能把握做事的节奏和分寸,在体验和经历中持续累积经验。通过探索得到的进步和成长,才会演化为孩子的核心自信及面对挫折的勇气。北京大学才女赵婕说过:"我钦佩一种父母,他们在孩子年幼时给予强烈的亲密,又在孩子长大后学会得体地退出,照顾和分离都是父母在孩子身上必须完成的任务。"

  "父母之爱子,则为之计深远。"

  这个世界上绝大多数的爱都以聚合为最终目的,只有一种爱以分离为目的,那就是父母对孩子的爱。

父母真正的爱,就是让孩子尽早作为一个独立的个体从你的生命中分离出去。如果想把孩子培养成能适应未来社会的人,我们要尽力地保护,也要适度地放手。父母越鼓励孩子去担当、去付出,孩子就越出色,越有勇气和力量披荆斩棘,从容地面对以后的生活之路。

当扶着风筝摇摇摆摆地起飞,由低到高、由近至远地越飞越高,那根线始终和风筝在一起;当孩子越长越大、越走越远,父母的爱永远是成就孩子人生的最重要的基石!

第二部分
人格教育实践

逃离舒适区

宋一德

作者简介

宋一德　深圳爱普希心理学院院长

国家二级心理咨询师

深圳市家庭教育指导师

2018年深圳心理咨询师演讲比赛第一名

深圳市卫生健康发展研究中心金牌讲师

《深圳青少年报》特约撰稿人

学校家委会会长

来深圳25年，独立行走的教育工作者。在深圳多所中小学举办超过250场的亲子教育讲座，主要课题"培养爱学习的孩子""掌控我们的'暗能量'""正面管教""父母的责任"等等。

习惯性思考如何打造和谐正向的亲子关系，倡导"莫"守成规，却又恪守红线。20年历练，榜样父亲，全身心生长。

对于我来说，我的早晨，是从中午开始的。

40 岁的时候，一个女人走进了我的生命。她就是中科院心理学博士何胜昔老师，她给我带来了关于心理学的神奇，也顺手，改变了我的生命。

和她一起走进我生命的，还有总是在梦游的弗洛伊德；喜欢和别人发生关系的卡尔·罗杰斯；总在强调泰坦尼克号的沉没，不是因为冰山，而是因为船本身设计有问题的萨提亚；当然，还有总是喜欢唠叨"用爱普及希望"的洪伟老师。

我一直在旁边，听着他们七嘴八舌，吵吵嚷嚷。

后来，他们似乎注意到了我，于是把话筒递了过来："来，宋一德，你也说两句？"

于是，我接过话筒，站了起来……

我的第一次讲课，是在深圳梧桐山脚的大望学校。

校家委会的安天丽会长，邀请我给家长们做一个关于"亲子教育"的分享。安会长说："有什么要求吗？"我说："没有。"安会长说："真的没有吗？"我说："嗯，要不，先去看一下场地？"

于是我们提前到学校，了解了现场的布局和听众的情况，还试了音响、投影和话筒。安会长说："宋老师，你太负责任了。"我说："不是，是我太——太害怕了。"

因为我知道，每多看一次现场，我上台时的心跳就会慢一点点；每多看一次现场，我上台时小腿就不会抖得那么厉害。

就这样，开始了我的讲课生涯。

2018年,我代表深圳卫生健康发展研究中心,参加在杭州举行的全国讲课评课比赛获得三等奖;同年年末,我在深圳市心理咨询师演讲比赛中获得第一名;截至目前,我的总讲课场次超过250场。在深圳、东莞、惠州,我开车穿行在城市、乡村、学校社区、田间地头。

我发现,当我们的眼神接触的时候,我们可以互相温暖、互相点燃、互相照亮。就像早晨的太阳和草叶上的露珠,它们正在彼此反射,互相辉映。

这个时候,我感觉手中的话筒,有点像冰激淋——有一点甜甜的味道。

我爱上了讲课,爱上了用心理学的方法,用我的真诚,去帮助更多的人。

一、我

（一）左脚

快进小区的地方，在交通信号灯处掉头，然后是 90 度的右转，接着拿卡，直行上坡，再是一个将近 30 度的急下坡到地下车库，再 90 度左转。

我小心翼翼地开着车，略微的紧张，让车一抖一抖地前进。

终于找到车位，倒车入库。

深呼了一口气。

今天是第二次练习用左脚开车回家。

小腿酸痛，有点微微出汗，然后是兴奋的感觉。

我喜欢这种兴奋的感觉。

20 多年以前，我上高中。有一天，我突然开始刻苦地练习用左手拿筷子吃饭。原因是听信了用左手的人比较聪明，可以开发闲置的右脑。

除了用左手吃饭，还有别的。

比如用左手拿钥匙开门，洗澡的时候用左手涂肥皂……

除了左右手的交换使用，还有别的。

比如把桃子和苹果，放到锅里，尝尝煮熟以后的味道。比如煮饭的时候，米明明没煮熟，却偏要把火提前关掉，看看过一会儿米会不会利用余温"自动"变熟……

所以，我的童年生活，多少有些孤僻。在周围人的眼中，我要么显得奇怪，要么显得迟钝。

不停训练，不停准备，不停切换做事的角度，是我生活的常态。

别人习以为常的动作，在我这里，因为不停在尝试新的角度、力度和方法，无法形成肌肉记忆，让我始终是一个学习和生活中的"初级工"。

而怀着年少轻狂的偏执，我把这种孤僻理解成另外一种光荣。我觉得整个人类是一种生物，而我，是另外一种生物。

幸好，这种生物历经艰辛，幸免于难，活成了后来的特立独行。

（二）低头族

地铁、公交上，全民低头，蔚为壮观，大家都很自觉地刷着手机。

当然，我也不例外。

我看手机，通常是看两个内容。

首先是备忘录，共分十个类别，包括"知识账本""培训安排""心理学习""今日计划"等等。里面有平时一闪而过的灵感，等待进行二次加工；也有曾经匆匆记录下来的新知识，营养丰富却连皮带骨不易消化，刚好可以在地铁上，拿出来反刍。

其次是微信里的收藏夹。太多的好文章，值得反复阅读，甚至背诵其中的精彩段落。

经年累月，我已经形成了在出行路上阅读、背诵和思考的习惯。

很多时候演讲或是培训的内容，就是在地铁的风驰电掣中，瞬间定格。

在我们周围，有这样一种人，他们莫名其妙地凑热闹，心急火燎地随大流，为了别人的事情操碎了心；他们担心自己赶不上疾驰的列车，而被滞留在月台上；他们担心自己预热过久，起步太慢，而地球上所有人，都已经瞬间发射，以光速冲向各自美好的未来。

他们很难与当下的自己安静共处，他们很难体察自己的真实状态，他们内心焦虑，急于行动，却很少问自己为什么出发，要去哪里。

信息爆炸，网络横行，我们得到知识似乎变得越来越容易。可惜知识不是力量，它先是变成我们背上的包袱，然后侥幸在能使用的时候，才成为力量。

而真正的知性成长，其实是两个步骤的循环往复：向外求和向内求。向外求，得到材料；向内求，得到结果。再看看结果，与自有体系是否匹配，是否需要再补充新的材料，以进行下一轮的外求。

（三）教育

教育，应该分为自我教育和别人教育两个部分。

如果自我教育出了问题，总有一天会被别人教育。

我在教育方面的两个体会是：

一个是急和不急，一个是变和不变。

先说急和不急。

对孩子的作业和考试,我不急。就像价格围绕价值上下波动一样,有点变化,才是常态。

但我会急着去深圳科学馆,听中考报告会。

我会在 2016 年 6 月 8 日早上,急着出门。整个上午,在深圳翠园中学的高考现场,熟悉高考的流程,和现场家长进行深入的交流。那一天我有很多的收获,比如填报志愿,基于孩子志向的角度,一流院校的三流专业,可能不如三流院校的一流专业。

这条经验可能很有局限,这条经验可能你早就烂熟于心,这条经验对我们家来说,确实没那么快派上用场。

因为,我的女儿是一年后中考,四年后高考。

我怎么这么急?

是的,正如你所认同的,我也有这样的观念:

不做准备的人,就是准备失败的人。

我们应该做重要但不紧急的事情。否则,所有事情都会变成紧急的事情。

那么,变和不变呢?

每次回家,如果不是火烧眉毛,我会走不同的路线。我想了解新变化、新讯息、新情况,以便对下一次的行动,有所准备。至少塞车了,知道怎么换路线。

但对于好的东西,我一逮着就不想变了。好的文章,我可能会看十遍、二十遍;好的音频,我可能会听十遍、二十遍。借用已故导演吴天明的电影《百鸟朝凤》里面的一句话:"把它看/听到我的骨头缝里去。"

刻意练习，持续重复，会让量的积累变成质的飞跃，会把外部的信息，化为内部的认知。

毛主席说过，"凡是认识的东西，我们往往不能够理解它；只有理解之后，我们才能更深刻地认识它"。而从认识到理解，在我看来，就是简单粗暴的两个字：重复。

于是，面对一件事情，当我们不断重复之后，往往就可以不光知其然，而且知其所以然，知道它和我们现有认知体系之间的联系。

因此，我们便把外部的信息，缝合到我们的"智慧树"上面，让它变得更加根深叶茂，丰满立体。

而我们继续按照"外化于行，内化于心，行诸于外"这样的规律，反复循环，就会慢慢打通我们和世界的通道，让我们既能融入人群，又不会失去个性，既能坚持自我，又不会茕茕孑立。

这样的坚持，会让我们建立起源自外界却属于自己独一无二的认知系统。

如果继续螺旋上升，不断精进，或许能达到更美好的天人合一的状态。我想起了李嘉诚先生的信条：建立自我，追求忘我。

"建立自我"，说的是一种过程，"追求忘我"，说的是一种境界。自我是基础，忘我是目标。可惜有很多人没有建立自我，就急于追求忘我的状态，结果就陷入迷失，裹入潮流，被吸进"忙"和"盲"的"黑洞"之中，不知道从哪里来，要到哪里去。

奔跑吧，爸妈
——心理学工作者的人格教育实践

（四）0.618

建立自我的过程，其实也是和外界融合博弈的过程。

对于外界的意见，我们要尽量听懂，却不能轻易听从。

老好人往往容易妥协。和家人朋友的意见妥协，和亲密伴侣的期待妥协，和自己心中并不高明的部分妥协。只有把钢铁的意志和温柔的坚持融为一体，才能在建立自我的道路上，到达远方。

这似乎是心理学上的"正面管教"对于自我成长的特殊应用。

就算是对自己的"正面管教"吧。

现实中，人们容易走两个极端。

一是用力过猛。他们定下目标就心急如焚，于是扯起大旗，发起总攻，单挑世界，叫板人类。希望势如破竹、气吞山河，结果四面楚歌、危机四伏，最后溃不成军，全面瓦解。

二是不肯用力。他们相信，只要我有想法，命运会有办法；只需默默等待，老天自有安排。我负责"葛优躺"、刷视频、逛朋友圈。如来佛祖、观音菩萨之类的大神，自会暗暗发功，有朝一日让我横空出世、直冲云霄、威震天下。

可惜他们不知道，一把沙子，太过用力握的话，沙子会从指缝中漏掉；完全不用力，沙子也会从指缝中漏掉。

而最好的方法是，不松不紧地握着。

"不松不紧地握着",这样的说法,作为完全正确的废话,容易招来"板砖",所以要多说两句。

事实上,很多事情,成或不成,其实都在一个度上。

这个度,借用数学上的概念,正是黄金分割点——0.618。

0.618,不是0或1,不走极端;也不是0.5,不是骑墙观望,不偏不倚,毫无立场。

靠近中间又不是中间,它有自己的倾向却又不走极端。而且兼顾了完全相反、完全矛盾的两个方向。世界上有一种最高的智慧,就是在内心同时持有两种完全相反的看法,却又能正确地行事。

0.618,小数点后面有三位数字,够精准,提供了足够的精进空间。穷尽一生,我们或许也无法完全抵达。

如果你想朝着这个目标出发,我愿意给你一个小小的阶梯:

(1)确定一个方向,或者说是倾向,避免走到半道,左右摇摆,无所适从,不知所终。

(2)朝着0.5的位置,首先做一个机械的"中间主义"。可能不准确,但是相对保险。

(3)试探和摸索,慢慢地逼近最合适的位置,并且让整个系统形成对你的依赖,让自己不可或缺,建立自我的同时,让整个系统得到优化。

这样的思维方式,适用于自我精进、亲子教育、建立关系等诸多方面。只要我们定下目标,马上行动,不断试错,坚持"死磕",最后总能精准把握住我们所要的那个无比美妙的"度"。

奔跑吧，爸妈
——心理学工作者的人格教育实践

（五）发言

这是阳光家长颁奖活动现场，作为代表，我在女儿学校进行发言。

这篇发言的内容，代表了我对如何履行家长责任，如何践行家庭教育的看法：

感谢学校，感谢政府，感谢人民，给我们这个荣誉，颁给我们"阳光家长"的称号。

很荣幸作为代表站在这里。听女儿说，站在下面听讲，很晒，有点辛苦。

所以我只说两句话。

第一句，怎样才能成为阳光家长？

我想，要成为阳光家长，首先你得喜欢晒太阳。如果你总是选择人生的阴暗面，每天都躲在阳光晒不到的地方，怎么能成为阳光家长呢？

所以，每天要多出来走一走，多到阳光下、校园中、人群里和孩子们中间溜达溜达，多接受一些真善美正能量的影响和照耀。

持之以恒，天长日久，你就会慢慢变得温暖，你的举手投足之间，也会渐渐地有了阳光的味道。

当然，这还不够。

如果只是接受照射，只是反射别人的光芒，你还不能是一个真正的阳光家长。

因为按照天文学的定义，自己不能发光只起反射作用的，那是月亮不是太阳。因此，你最多也只能叫月光家长，不能叫阳光家长。

所以，只有当我们点燃自己，照亮别人，用我们积极主动的行为方式，去温暖和影响周围的人群和孩子，我们才叫真正的阳光家长。

第二句，既然说到点燃自己，会不会把自己烧掉？可不可怕？

听起来挺可怕的。

但你每天仰望太空，注视太阳，你觉得太阳会害怕吗？

它都燃烧约50亿年了。就这个点儿，它的表面温度还是6000多度。

它还燃烧得挺带劲的。

相比之下，我不太喜欢形容蜡烛的那句"燃烧自己，照亮别人"的话。因为舍己为人的说法是违反人性的。自己都没了，怎么持续更好地去为别人奉献呢？

而太阳的燃烧一定是出于它内心的本能的需要。如果不信，你给太阳放一天假试试。你说太阳啊，燃烧了这么多年，今天你休息一下。

它肯定会憋得特别难受。

也就是说，蜡烛的燃烧是被动的，太阳的燃烧是主动的。

我想，这也是为什么蜡烛燃烧会流泪，太阳燃烧会微笑的原因。

大家肯定听过"蜡炬成灰泪始干"，听过"太阳公公露出了笑脸"，有谁听过"太阳哭着哭着就出来了"？

还有一点，你们说太阳系里面谁是老大，是谁把这8个小行星管得这么听话？

当然是太阳。

奔跑吧,爸妈

——心理学工作者的人格教育实践

因为它为了大家,自己每天又发光、又发热,既让这几个小行星主动地自己转,又领着大家一块转,而且转了这么多年,没出任何安全事故,一个行星也没有转飞掉。

既然付出最多,大家怎么可能不服他?

因此,太阳告诉我们,人生最大的自私就是无私。

太阳做到了,我相信我们阳光家长,我们所有在场的孩子们,也能做到。

最后,我想说:

让我们都来做一个"快乐燃烧自己,勇敢照亮别人"的阳光家长。

当然,还有你们,我们可爱的阳光少年!

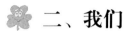 二、我们

20多年前，我上高一。

有一天，老师念了我的一篇作文。老师给的题目是"我的理想——"，我的作文题目是《我的理想，是做一个好爸爸》。

20多年过去了，当初我吹的牛，现在做到了吗？我不敢说。因为到现在为止，我女儿还没给过我一个正式的、官方的评价。

不过，和女儿成为好朋友，这一点我还是肯定的。

我们之间会经常讨论切磋，结尾常常是她拍拍我的头或肩，说："大哥，你想得蛮周到的，就按你说的办。"

（一）反常规

作为家人，我们应该对孩子做一些"反社会"的事情。

上次考试前，我跟女儿说："说实话，现在上学都挺不容易的，每个同学都想考到前面一点，给自己增加一点点自信。你这次能不能别考得太好了？"

女儿说："我尽量吧。"然后做个鬼脸，跑了。

当然，竞争意识属于人的本能，她不可能交白卷或故意答错。

奔跑吧，爸妈
——心理学工作者的人格教育实践

所以，我这样做，当然是考虑到大环境和大前提。

大环境是，从母亲到老师，大家都在要求她考出好成绩；大前提是，她每次考试成绩（至于未来怎样，谁说得准呢？）都还不错，她对自己也管得挺"狠"。

对孩子的态度也是一样。当我们的孩子相对优秀，所有人都在疯狂点赞时，我们应该"鸡蛋里挑骨头"，帮孩子找到问题，冷静冷静，重新出发；当我们的孩子暂时落后，我们应该"骨头里挑鸡蛋"，找到并放大他身上的优点，帮助孩子重塑信心，找回自我。

雨水太多会淹死庄稼，阳光太猛会晒干禾苗。

只有帮助孩子保持心态平静、状态平衡，他们才能走得久、走得远。

（二）逆向操作

不管手机还是计算机，到了孩子手里，最后都变成了游戏机。

很多家长为了控制孩子上网，拔网线、设密码、关电闸，但最后的效果似乎都不明显。

我们家的情况是，玩电脑基本不控制。想玩就玩，记得关机就行。

孩子对电脑不上瘾，这跟我从孩子三年级时就开始的一个习惯性做法有关系。

那时，我发现孩子对电脑很上瘾，我想必须要想想办法，得反着来。

到了规定上网时间，我说："亲爱的，该上网了哦。"她一看时间，马上冲到电脑前。

我说:"等一下,先上厕所,然后放杯热水在电脑前面。在规定的两个小时内,要竭尽全力,咱们不跟别人比,但要和自己比,争取超过自己上次的水平。另外,这两个小时不能离开电脑。"

刚开始,女儿还觉得挺好,因为游戏是她的最爱嘛。但一两次以后,她就感觉"坚持玩游戏"也不太容易,因为只能玩一种,不能换别的游戏,还不能有小动作。

慢慢地,她就会跟我商量,能不能干点别的。到后来我会让她在两个小时的中间"休息"五分钟,然后又马上把她"赶"回电脑前面。

就这样,把限制的行动变成要求的任务,反其道而行之,大大减少了孩子对电脑的痴迷。最后,电脑变成孩子生活中不太重要的一部分,她慢慢懂得生活的乐趣并非只局限于网络和游戏。

(三)领导

2019年,一个客户拖欠我们大量货款,那段时间我非常郁闷。有一天我叫了女儿,和她对坐在沙发上,仪式感很强。

"爸爸有个事情,感觉有点难受,想和你聊聊。"

"哦?你说吧。"女儿回答。

我说:"有个客户,欠我们七十多万元钱,八个月了,没还。去了很多次,催款函也发了,感觉他们应该有钱,可他们就是赖着不给。现在弄得我们

奔跑吧，爸妈
——心理学工作者的人格教育实践

厂里困难也很大……"

"催款函是什么东西？"

"催款函就是给欠我们钱的那个人写的信，让他把该还给我们的钱还了。"

"那他给没给？"

"还是没给。"

"那——我们打 110 吧？"女儿说。

…………

过了两天，女儿拿出自己存的九十多块给她妈妈，说："老妈，我们家这段时间可能有经济危机。我这里有钱，不到一百块。你拿去买菜吧。"害得她妈跟她解释了半天，说家里还吃得上饭，生意的事情暂时还影响不到生活。

我经常跟女儿讲，20 年后，你才是我们家里的领导。

领导出了问题，我们家就会出大问题。

把女儿架在"领导人"的角色上，我们好像变得轻松了一点；而女儿慢慢变得独立，有担当了。当然，这个领导很多时候还不怎么像个领导，我们时不时地还得找领导谈谈话，说说我们的一些看法，给领导提提意见。

（四）演员

对于家庭的"未来领导人"，我们作为现在实际领导人所表现的东西，通过耳濡目染，最终还是会体现在他们身上。而言语的说教，因为与事实相左，会显得毫无力量。

所以，我们每天要在孩子面前非常地小心。

前段时间我借了一套《朱镕基讲话实录》，开始的一两天，我很认真地看，女儿快放学时，感觉累了，就拿出手机看看微信，刷刷朋友圈，放松放松。

女儿回家开门一看，我斜躺在沙发上，舒舒服服地玩着手机。我感觉她当时看我的眼神，一笔一画写着："你怎么这么不争气呀，整天玩手机！"

我心头一惊，觉得确实有问题。想解释，又感觉是欲盖弥彰。

后来几天，我赶紧调整了一下。

前面可以玩下手机，但在女儿快要回来的时候，一定要拿起书本，而且一定保证自己全情投入，进入剧情。

果然，女儿看我的样子好像变了，而且还挺感兴趣地过来，翻翻我看的书，问："这么厚，全是字，有意思吗？"

培养孩子的过程，我感觉其实是陪着孩子，把我们自己再重新塑造一遍的过程。

塑造的过程，有痛苦、有快乐、有否定、有坚持。但最终的结果，将因为有我们和孩子双重人生目标的达成，而证明我们的努力完全值得。

而且也只有当我们改变了、成长了、自信了，我们才能勇敢地伸出手，说："宝贝，来，跟着我，咱们一起往前走。"

奔跑吧，爸妈
——心理学工作者的人格教育实践

（五）去哪

在大家齐步走的时代，如何让孩子自己走？

如果让孩子自己走，如何防止孩子找不着北，把自己走"丢"了？

这些问题，没有标准答案。但我有一个基本的观念，作为父母，我们自己先得走稳，走好。

孩子不会听我们怎么说，只会看我们怎么做。我们如何行动，我们把时间花在什么地方，我们如何度过自己的人生，孩子会看在眼中，记在心里，落实在行动上。最后再形成他们自己的习惯，重塑他们的性格，最后决定他们的命运。

我常想，舞台就这么大，20年后，应该是"我们下来喝茶，他们上去讲话"。

20年后，在家里呼风唤雨的我们，有的老了，有的找不着了。谁是我们家新的领导？

对，就是现在这个小屁孩。

但这个小屁孩，是否能成为真正的领导？

由他掌舵的家这艘大船，最后是成为撞上冰山的泰坦尼克号邮轮，还是迎风远航的辽宁号航空母舰？

没有人知道未来，但我只知道：

今天我们的选择，将决定未来。

我们在这里，只能提供思考的方向，却无法提供结论。

不过，这几句话，一直是我喜欢的——

我的孩子

不是我的孩子

他只是他自己

属于这个像我一样爱他的世界

感谢生活

让我成为离他最近的一个朋友

但我爱他的目的不是要他改变

尽管我知道

我对他的影响无处不在

因为生命不会退后

也不在过去停留

三、诗与远方

每期智慧家长微课堂,我会负责写一个课程预告。

在写作的时候,希望能传达老师的部分想法,又对老师还未展开的画面充满期待。

所以,接下来,是我们智慧家长微课堂的部分课程回顾。

"智慧家长"是深圳市计生中心"青少年健康人格培养项目"推出的在线公益微课堂,让家长通过学习不断成长,以促进青少年健康人格的培养,从而实现优生优育的目的。

"智慧家长"根据家长的需求制定微课堂的主题,每周三晚上八点至九点开讲。

目前,"智慧家长"已建群近 30 个,每次微课堂受益人群超过 10000 人,是深圳地区影响较大的在线家长课堂。

接着萌，还是急着冲

——幼小衔接之一站式技术攻略

（陈萌老师·第六期"智慧家长"微课堂）

对
陈萌
是虎妈
也算英雄
仗剑走天涯
声音依然很萌
瑞士雪山的凛冽
青藏线翻卷的热风
一个生命的蹒跚起步
一个梦想让这世界感动
越走越远越回到自己
越来越老越像儿童
生命本就有方向
只要我们放松
要上小学了
听听陈萌
聊一聊
怎么
萌

青春·可期

——青春期身心关系的技术解构

（卢晶老师·第七期"智慧家长"微课堂）

雨季、花季、四季

惊奇、惊吓、惊喜

旅行箱夹层的第一页日记

男子汉下巴的第一根胡须

疼痛青春的独家回忆

个性少年的集体呼吸

循环的古老期许

单飞的雏鹰之翼

禁锢的叛逆

放养的不羁

致青春

第一季

Hi

你

第二部分
人格教育实践

心出发　新自己
——送给所有陪伴孩子的父母

张雅莉

作者简介

张雅莉 高级育婴师、国家职业技能鉴定（妇婴护理）考评员，毕业于安徽师范大学，广东省五一劳动奖章获得者。

长期从事母婴领域的一线护理和教学工作，曾接受广东广播电视台专访，善于抓住孩子的心理特点，旁征博引，妙语连珠，讲授风格自成一家。

忙碌的一天即将拉上帷幕,嘈杂的声音逐渐远离耳畔,我关掉了五彩缤纷的花式日光灯,窝在一隅,让心灵静下来,倾听内心真实的声音,和心灵来一场对话。

我是一个文科生,大学里选择的是师范专业,偶尔喜欢舞文弄墨,但需要灵感,也需要一点性情。我的骨子里还有一些文人的情怀,算是一个比较佛系的人,凡事讲究无愧于心、顺其自然。

由于要准备省里的比赛,因此迟迟没有动笔,最主要的是没有灵感。十多年的工作经验、心得体会,不知该从何说起,越是着急越是不知道该怎么写。也许,我需要"一个撬动地球的支点"吧。

这篇文章能写出来,离不开我先生的督促。他是个十足的激进派,如果生活在古代,他一定是个"沙场秋点兵"的有名将军。很早以前老子先生就在《道德经》里告诉我们"相辅相成"的道理,先生的性格、做事风格与我迥异,我们有缘结为夫妻,都是上天最好的安排。

前阵子,先生陪着我一起去拜访洪伟老师。在去深圳的路上,我翻阅了洪老师的新著,短短几篇文章,他的教育观点和思想跃然纸上,让我既诧异又钦佩,仿佛找到了一个多年未见的老朋友。

如此懂得孩子的内心,如此犀利的观点,如此接地气的语言,没读几行,我连连称赞叫好,情不自禁地拍手,全然忘记了列车上其他正在休息的乘客,回想起来真有点惭愧。

洪老师完全没有专家的架子,这给我留下了深刻的印象。我们畅谈心理学对家庭、夫妻、孩子等方面的至深影响。虽然我不是全职做心理咨询的教育工作者，但我从事的职业也是时刻用得上心理学的，加上我本身学的就是师范专业，对心理学有一定的敏感度，所以，我们在整个交谈过程中没有任何障碍。

这一刻，真是"酒逢知己千杯少"，有着说不出的喜悦！

第二部分
人格教育实践

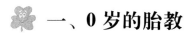 一、0 岁的胎教

近年来,一线、二线城市越来越追捧胎教,各大医院的妇产科都在积极建议孕妈妈到自己的医院建围产卡,并且还有很多由名师名家授课的"父母孕育课堂"免费赠送给准爸爸、准妈妈。

很多没有享受过这般丰厚待遇的老一辈人说,"现在真的是越来越先进了,我们那个时候哪有这些条件啊!还有'胎教',这么个小不点在肚子里,看不见、听不着的,不是闹着玩儿吗?"言语中透露着对胎教行为的不解,但内心却对胎教结果充满期待。

当今社会,很多育儿专家大力推荐准爸爸、准妈妈重视胎教,很多人误以为这是从西方学来的洋玩意儿。其实不然,翻阅历史典籍,我们会发现"胎教"源于中国。下面介绍一下胎教的起源,以及胎教的实践。

(一)胎教的起源

据史料记载,中国古代的胎教始于西周,"胎教"一词最早出现在汉代。那时胎教的基本含义是孕妇必须遵守的道德、行为规范。古人认为,胎儿在母体中容易被孕妇的情绪、言行同化,所以孕妇必须谨守礼仪,给胎儿以良好的

奔跑吧，爸妈
——心理学工作者的人格教育实践

影响。

《大戴礼记·保傅》曰："古者胎教，王后腹之七月，而就宴室。"又说："周后妃（即邑姜）任（孕）成王于身，立而不跂（踮脚尖），坐而不差（身体歪斜），独处而不倨（傲慢），虽怒而不詈（骂），胎教之谓也。"

西汉刘向在《列女传》中记载，太任在妊娠期间，"目不视恶色，耳不听淫声，口不出敖言，能以胎教"。又记载，"文王生而明圣，太任教之以一而识百，君子谓太任为能胎教"。《列女传》记载的太任怀周文王时讲究胎教的事例，一直被后世奉为胎教典范。

上述胎教行为看似简单，但真正做起来，若非有极大的毅力和自制力，是很难一以贯之的。可谓靡不有初，鲜克有终者也。

也许读者并不想去深读，不过没有关系，大意就是说，古人通过严格的胎教而孕育了一代代明君贤人，可见胎教的重要性。

经过研究发现，生活中有很多现实的案例，如果妈妈在整个怀孕过程中情绪平和、心态向善、饮食节制、休息规律等，相对而言，生下来的宝宝的智商和情商发育也会不错。

（二）胎教的实践

2009 年，我在一个朋友创办的家庭式幼儿园帮忙的时候，里面有一位家长深深地影响了我。这位家长是一位年轻的妈妈，她的小女儿才 1 岁多，语言表达能力已经达到了 3 岁的水平，并且孩子的性格比较平和，不会易喜易怒。

可贵的是，这位妈妈的大女儿已进入青春期，也是类似的性格，看不到青春期的负面特征。

我对此很诧异，也很好奇，询问了这位妈妈的育儿经验，"为什么你的两个孩子表现得这么好？"她说了一句至今让我铭记在心的话，"因为我给我的女儿做过胎教"。

一句看似不经意的回答，却在我的心底激起了千层波澜，那个时候我告诉自己，"以后我的孩子也要做胎教"。其实，那时的我刚大学毕业，完全不懂胎教是什么，怎么做胎教。对于孕育知识茫茫然的我只记得，这件事以后我一定要去完成，因为其意义重大。

有的读者也许马上想问我：后来呢？你给你的孩子做胎教了吗？别着急，待我讲完中间的小插曲，答案自会揭晓。

从那以后，工作的时候，我留心并收集了一些孕育方面的经典案例。生活中，我也主动阅览了一些有关胎教理论、给孩子开启智慧的书籍。通过实践—理论—实践这个循环过程，我逐渐认识到胎教的重要性。

所以，教育应该从胎儿开始，越早越好。

2015年冬天，离春节假期回老家还有一段时间。每晚睡前，先生总是配合我，给肚子里的宝宝（怀孕5个多月）读传统文化类的书，有二十四孝故事，也有唐诗宋词等。

我告诉先生，肚子里的宝宝能感受到我们对他做的一切。一开始先生不以为然，觉得我在说梦话。一天晚上，先生照例给隔着肚皮的宝宝声情并茂地读书，因为是简短的故事，先生很快就读完了，我随口问一句："宝宝，你喜欢

奔跑吧，爸妈
——心理学工作者的人格教育实践

爸爸给你读的故事吗？""咚"的一下，小家伙使劲地回应了我，虽然我知道胎儿会跟我们互动，但这是第一次真真切切地发生在我身上的，让我惊讶地直呼："老公，老公，宝宝说'喜欢'，宝宝动了。"

"开什么玩笑？"先生嗤之以鼻。

这个时候，我把先生的手轻轻地放在我的肚皮上（宝宝刚才动的地方），重复着问："宝宝，你是不是很喜欢爸爸给你读的故事？很喜欢爸爸啊？""咚"的一下，宝宝又一次以闪电般的速度回应，先生的手像被电触到了一样从我的手中抽了回去。这一次的试验，彻底颠覆了先生以往的观念，刷新了他对胎教的认知。

在怀女儿和儿子的时候，我很注重自己的状态，尤其是心态方面。在当今物欲横流、手机"中毒"的社会，相对来说，我们的两个孩子还是比较懂事、乖巧的。在语言方面，他们都是在7个多月就开始说话了。

关于教育，父母从心出发，不盲目比较，做好自己应该做的，一切的结果都是自然而然的。

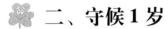 ## 二、守候 1 岁

用这个标题,源于我所了解的早教。目前,社会上很流行的"蒙氏"教育,是以意大利著名的幼儿教育家玛利亚·蒙台梭利(Maria Montessori, 1870—1952)的姓氏命名的一种教育方法。

1909 年,蒙台梭利博士出版了《蒙台梭利教育法》一书;1912 年,这部著作的英文版在美国出版,很快被翻译成数十种语言在世界各地流传。100 多个国家引进了蒙台梭利的方法,她的教育方法在世界范围内引起了轰动。

(一)重视敏感期

"蒙氏"教育提出了一个关键词——敏感期。在蒙台梭利看来,幼儿心理发展过程中会出现各种"敏感期"。正是这些敏感期,使孩子对一切都充满了活力和激情。

1 岁之前,是孩子与父母建立亲子关系的敏感期。而且,人的智力发展,正是建立在幼儿敏感期打下的基础上的。

大家可以发现,很多亲子关系不和谐,特别是青春期的孩子与父母关系不融洽的例子,大部分跟 3 岁,尤其是 1 岁之前没有跟父母生活在一起,没有得

到父母的有效陪伴的经历有关。

（二）回避新环境

"身"和"心"是相辅相成的，身体不舒服，心里也会比较难受。生活中寄人篱下的林黛玉经常郁郁寡欢，本来就虚弱的身体变得更差，身体愈加不舒服，心里也跟着更不舒畅。如果林母见到黛玉如此这般，估计也是"怎一个愁字了得"。

回过头来看，1岁的孩子正是咿呀学语、蹒跚学步的时候，本应在自己熟悉、亲密的环境里长大，却由于某些原因，被迫送到了一个比较陌生的环境。孩子是有灵性的，敏感度极高，当他发现环境变了，听不到母亲的声音和心跳时，心里的恐慌就来了。

孩子无法改变父母的决定，被迫留在了新环境，开始了"寄人篱下"的生活。出于生存、自我保护的本能，他学会了察言观色，学会了委曲求全，努力让自己变得异常乖巧、懂事（缺少了同龄孩子的童真），知道如何讨好身边的人，希望别人都喜欢他，不再"抛弃"他。

所以，除了不可避免的特殊原因，我们不建议家长将1岁以内的婴幼儿更换环境，甚至要避免长途旅行等。

（三）一个身边的例子

我们发现，童年时寄托在亲戚家长大的孩子，即便以后回到了父母身边，孩子与父母之间仍会存在距离感，难以有亲密依偎的举动。有些孩子因错失1岁之前皮肤触觉敏感期，甚至患上"皮肤饥渴症"，比较典型的行为是孩子用舌头舔自己的皮肤、肩膀以此获得安慰，找回类似在妈妈子宫里的那种舒适感、安全感。随着孩子长大，他的性格、社交、学习、动作等方面，也容易出现障碍。

举一个我身边的例子。我在北京的一位同事，她是一位单亲妈妈，因为工作的缘故，不得不把女儿送到外婆家，由外婆帮忙照顾。不知不觉中，女儿长大了。偶然间，她发现女儿会不由自主地用舌头舔自己的肩膀，她很惊讶也很内疚，她知道女儿为什么会这样。前夫长期不和女儿联系，3岁之前大部分时间女儿由外婆照顾，在孩子最关键的敏感期，缺乏与父母的亲密相处。好在这位同事本身就是老师，她立即采取措施，弥补女儿错过的陪伴。

我们能做到的，就是让孩子拥有孩子应有的状态，守候亲密的1岁，让自己和孩子都少一点遗憾。

三、管教3岁

老百姓有句俗语,叫作"三岁定八十"。根据现代的心理学、生理学研究成果,这个说法是有一些科学依据的。由此可见,孩子3岁时的管教是多么的重要,一旦错失,甚至有可能会带来终生的影响。

管教内容要讲原则。3岁是孩子学习并建立规则的好时机,在实施管教时,优秀的中华传统文化是一笔取之不尽、用之不竭的宝贵资源。

(一) 立德,孝为先

《孝经》开宗明义章曰:"身体发肤,受之父母,不敢毁伤,孝之始也。立身行道,扬名于后世,以显父母,孝之终也。"百善孝为先,此之谓也。

关于"孝"字,东汉许慎在《说文解字》中的解释:"善事父母者。从老省,从子。子承老也。"从字面上看,"孝"字是由"老"字省去右下角的部分,和"子"字组合而成的一个会意字。

我的家乡,有个叫"鞭打芦花车牛返"的村庄,是二十四孝之一的孔子弟子闵子骞(公元前536—公元前487)"芦衣顺母"典故的发生地。孔子盛赞曰:"孝哉,闵子骞!人不间于其父母昆弟之言。"

孝是儒家文化的核心,也是我国传统文化的精华,这是闵子骞的孝道跨越千年传颂至今的原因。在最为关键的幼儿时期,我们要将孝道根植于孩子的内心,成为其自觉遵守的道德准则和行为规范。

(二)立行,定规矩

《孟子·离娄上》第一章曰:"离娄之明、公输子之巧,不以规矩,不能成方圆。"告诫我们要遵纪守法,为与不为要从我做起、从小做起、从现在做起。

在幼儿时期,让孩子懂规矩,明晰边界,有助于孩子的健康成长。

勿以善小而不为,勿以恶小而为之。3岁之前的孩子就像软软的橡皮泥,我们给他什么样的"模具"(规矩),孩子就容易被塑造成什么样的人。在最容易塑型的时候,抓好这个关键期的教育,才有利于孩子成材。

(三)立业,稳根基

《道德经》第六十四章曰:"合抱之木,生于毫末;九层之台,起于累土;千里之行,始于足下。"根基稳固,才能厚积薄发。

孩子越小,学习能力越强。培养孩子良好的日常生活习惯,可以促使他顺利适应新环境,这样的孩子容易成为性格开朗、乐观豁达的人,继而成为一个综合素质都比较优秀的人才。

在我女儿上幼儿园之前,她已经养成了独立自理的生活习惯。2岁多,她能够背诵半部《弟子规》,里面很多的好习惯我也一并讲解给她听,比如"对饮食,勿拣择。食适可,勿过则"。告诉她在家里、幼儿园吃饭的时候,不可以挑食、偏食,要养成样样食物都要吃的好习惯。

另外,管教方式要灵活。孩子是灵动的,我们要做的就是时刻用心观察,因为适合孩子的才是最好的教育。

典型案例1

在以前那个讲究多子多福的时代,《诗经·大雅·假乐》中就有"干禄百福,子孙千亿"的说法,几乎每个家庭都有多个孩子,只要饭菜端上桌,家长根本无须操心孩子吃饭的事情。可是,看看现在家里的小宝贝,追着喂、哄着喂、骗着喂……

吃饭成为问题的孩子比比皆是。孩子少了,饭菜更丰盛了,胃口却变小了,到底该如何解决呢?

首先,孩子要有足够的活动量,有饥饿感。饭前半小时不吃甜食、水果,尤其是高热量的零食。吃饭时,不批评孩子,保持融洽的就餐氛围。

其次,定量。孩子的胃容量有多大,他比我们更清楚。不强迫孩子吃得过饱,更不能让孩子多吃几碗以达到我们心理的满足感。上一餐吃得多,下一餐可能就会少一些,家长不必因为一两餐食量的减少而过度担心、焦虑。

最后,定时。吃饭的时候,提前约定好时间,时间到了立即收拾碗筷并离开餐桌,直到下一餐才能就座用餐。

典型案例2

2014年，我曾指导过一个3岁的男孩恒仔。因其家境殷实，而且是家里的老三，一家人或多或少都会宠爱这个排行最小的宝贝。当所有的人都让着他，久而久之，就助长了他的一些不好的习惯，比如哭闹、打人等。

有一次，恒仔提出了一个无理的要求，我没有同意，恒仔就动手打了姐姐。当我严肃地批评他的时候，他开始哭闹撒泼，边哭边看着姐姐。当时我让姐姐先到旁边休息。

恒仔习惯了家人对他百依百顺，现在我突然撤掉了他的"特殊待遇"，他的内心接受不了被拒绝，所以通过哭泣这个最简单、最直接的方式发泄心中的不满。（此刻，家长不必刻意让孩子止住哭声，有时候适当的哭反而有利于孩子身心健康。换位思考，如果我们成人遇到了不开心的事情，合理释放了，是不是感觉好受一点呢？）

我把恒仔抱在怀里，一边给他擦眼泪，一边告诉他，"我们爱你，但是我不喜欢你动手打人，这是错误的做法，我们的手是用来做事情的"。我温和而坚定地重复着这句话，渐渐地，恒仔的哭泣声越来越低。最后，直到他确认不管他做错了什么，我们都会无条件地接纳他，还像以前一样爱着他时，他才自然地停止了哭泣。从此以后，这个小朋友真的再没有打过人。

工作中，有一句话，我总要分享给我的学员们：即使我们教过99个学生，但是第100个学生依然是我们的老师。同理，我们要顺着孩子的思维、特长去找到适合孩子的教育方法，而不是强迫孩子适应我们。

结束语

孩子是家庭的一面镜子。面对繁杂的世界，选择太多，诱惑太多。但是，作为有幸陪伴孩子一程的家长，做回那个简单、真实而又善良的自己，孩子自然会成为那个可爱、和善的孩子。

愿每个人都能从心出发，做自己，成为原本那个和谐的自己。